LE MOUSTIQUE ET LA DÉTECTION DE LA SOURCE SANGUINE

5-7, rue de l'École-Polytechnique, 75005 Paris

http://www.editions-harmattan.fr

ISBN : 978-2-343-17686-4
EAN : 9782343176864

Yves-François Ahonziala KOYABIZO

LE MOUSTIQUE ET LA DÉTECTION DE LA SOURCE SANGUINE

Préface de Jean-Paul CARRERE

L'Harmattan

SOMMAIRE.

Préface

Le paludisme représente une endémie qui sévit de manière inquiétante dans les zones tropicales et subtropicales. L'Organisation Mondiale de la Santé (OMS) a fait de cette pathologie l'une de ses premières préoccupations, en vertu du taux de morbidité et de mortalité régulièrement enregistré. Un lien a été établi entre les chiffres impressionnants d'infection humaine, la pullulation des vecteurs et l'état de pauvreté des populations vivant dans ces pays aux conditions socio-économiques défavorables.

Je salue les efforts fournis depuis plus d'un siècle par les chercheurs du monde entier dans la lutte contre cette maladie, ce, à divers niveaux. En effet, le cycle de transmission de l'agent causal fait intervenir le vecteur Anophèle femelle, le *Plasmodium* qui parasite le vecteur, et l'hôte (homme) qui reçoit la piqûre inoculant le parasite sanguin.

Dans un premier étage, la connaissance de l'agent véhiculaire (moustique) a nécessité des recherches approfondies sur la taxonomie, afin de répertorier les populations qui composent cette classe d'insectes. Le mode de vie, la morphologie, l'orientation trophique, la reproduction, l'écologie et l'éthologie des Anophèles ont fait l'objet de multiples recherches. Celles-ci ont concouru à la mise au point des stratégies visant l'élimination directe des vecteurs.

A un deuxième niveau, les études axées sur le *Plasmodium* ont eu comme soubassement la biologie cellulaire et moléculaire, la génétique, l'immunologie, la pharmacologie, dans le but de combattre ce parasite hémotrope en phase pré- et per-infestation. Les résultats sont certes encourageants grâce à la découverte des molécules plasmodicides très variées ; ils demeurent cependant mitigés car la thérapie n'arrive pas encore à atteindre les zones très éloignées, d'accès difficile.

Un autre pallier de lutte consiste à empêcher le contact entre le vecteur et la victime humaine. De cette manière, en entravant la piqûre, on peut empêcher l'inoculation du *Plasmodium* et provoquer la réduction du ravage palustre. Ainsi, la campagne de vulgarisation de l'utilisation des moustiquaires imprégnées d'insecticides menée par les Nations Unies, avec l'appui financier de quelques philanthropes et organisations caritatives (Fondation Gates, Fonds mondial, etc.), a largement contribué à la baisse spectaculaire du taux de morbidité et de mortalité dans le monde.

Dr Koyabizo a approfondi ses recherches dans le but de décrypter le mécanisme à la base de l'attractivité de l'Anophèle envers la source hématique. La première publication ci-dessus a été précédée par celle du Professeur John Carlson de l'Université de Yalc. Cc dcrnier a recouru au génie génétique comme approche de recherche : ayant identifié le gène responsable de l'attractivité dans l'ADN de l'Anophèle, il a effectué la transgenèse dudit gène sur le patrimoine génétique de la mouche. Cette dernière a pu acquérir le réflexe attractif vis-à-vis de l'homme. Dans sa conclusion, Carlson soutient que l'insecte porteur de ce gène est attiré par une protéine contenue dans les sécrétions sudoripares apocrines de l'être humain, épousant ainsi la thèse développée par plusieurs chercheurs sur le rôle de la sueur.

La méthodologie adoptée par Dr Koyabizo repose d'une part sur la théorie du métabolisme des homéothermes initiée dès la fin du 18ème siècle par Lavoisier, et ayant connu des améliorations au fil des siècles. D'autre part, la théorie calorifique associée à celle de détection des radiations électromagnétiques émises par les corps terrestres a été mise à contribution dans ces expérimentations.

L'intégration de cet ensemble de notions a permis d'établir de manière irréfutable la thèse de thermo-détection réflexe à l'origine de l'attractivité des moustiques envers les homéothermes.

Pour ma part, je pense appuyer fermement ces dernières conclusions, en invitant la communauté scientifique à explorer davantage cette piste méthodologique afin d'apporter des éléments nouveaux dans la compréhension du phénomène d'attractivité. Ainsi, il serait utile de revisiter les travaux réalisés auparavant pour définir les facteurs attractifs des moustiques, notamment : le dégagement de CO_2, les mélanges d'odeurs, la microflore épidermique, les composés acides dans la sueur, l'éthanol dans la sueur d'un homme ayant bu de la bière, etc.

Enfin, je suis convaincu que le décryptage définitif du phénomène attractif contribuera à définir des stratégies efficaces pour entraver le contact vecteur-homme, et réduire l'incidence du paludisme parmi les populations humaines.

Professeur Jean-Paul CARRERE
Entomologiste

Remerciements

L'initiative consistant à entreprendre des recherches scientifiques dans un domaine précis procède d'une profonde prise de conscience.

En effet, les problèmes qui entravent le fonctionnement harmonieux de la vie des êtres humains en particulier, et celle des autres êtres vivants en général, ne peuvent laisser indifférents les hommes de science. Le choix opéré par ceux-ci de s'engager dans les différentes disciplines de la science est une vocation sublime ayant pour but de résoudre les problèmes cruciaux qui surviennent de manière sporadique ou permanente dans la société.

Aussi, la recherche scientifique, en identifiant une problématique donnée, s'engage-t-elle à réunir les moyens et les méthodes expérimentales pour aboutir à des résultats. Ceci est rendu possible par les sacrifices de soi-même, l'abnégation, la volonté ardente pour l'atteinte des objectifs.

Lorsque j'avais pris, il y a quelques années, l'option d'entreprendre les recherches ayant abouti à la production du présent ouvrage, mon premier souci avait été de contribuer à l'étude visant à cerner toutes les dimensions du moustique Anophèle, ce vecteur du *Plasmodium*, agent causal du paludisme. Nul n'ignore que cette pathologie est classée parmi les premières causes de mortalité humaine en Afrique sub-saharienne.

En mettant la dernière main sur cet ouvrage, je tiens à remercier tous les scientifiques qui m'ont aidé durant le processus de mes recherches, aussi bien dans les laboratoires, sur les différents terrains que pendant la rédaction. Je remercie particulièrement mes collègues chercheurs de l'Université de Kinshasa, ainsi que ceux de la Fondation « Centre d'Etudes et de Recherche en Sciences Animales » (CERSA-Fondation). Leur apport a été très enrichissant pour parfaire ce travail.

L'auteur.

INTRODUCTION

L'Anophèle est un insecte volatil, piqueur et suceur de sang ; il appartient à la famille des*Culicidae*. Parmi les *Anopheles*spp., seule la femelle est munie d'un appareil buccal lui permettant d'aspirer le sang, et en même temps d'inoculer le *Plasmodium* chez la victime. Elle constitue de ce fait un véhicule au centre des ravages paludiques causant de sévères mortalités parmi les populations des régions tropicales et subtropicales.

Dans le but d'éradiquer le paludisme, d'innombrables travaux de recherche ont été menés depuis des décennies à travers le monde.
Les recherches accomplies par Roubaud (1918), Harbach&Kitching (1968), Knight et Stone (1997), Reinert (2001) et Harbach (2004) ont contribué au raffermissement de la taxonomie des moustiques, ainsi qu'à la définition de leur position systématique.
Les études sur la morphologie ont porté particulièrement sur les œufs, les larves, la nymphe et la forme adulte. La morphologie externe et interne des larves et des adultes permet la différenciation au niveau de la sous-famille, des genres et des espèces. A ce sujet, les travaux les plus remarquables qui ont été réalisés sont ceux de Russel *et al.* (1963),Hackett (1937),Gutsevich*et al.* (1974),Gillies et De Meillon (1968), Costantini et *al.* (1999), Holstein (1949).
D'autres études se rapportent à l'écologie de l'Anophèle, ses préférences trophiques, son éthologie, particulièrement la détection de ses victimes, mais aussi les zones endémiques de la maladie. Les travaux relatifs à ces disciplines ont été réalisés par Killeen et *al.* (2001), Sharp et Le Sueur (1991), Lehane (1991), Gouagna& Robert (1993), Ahmadi & Mac Clelland (1985).

Il sied d'approfondir les recherches sur l'éthologie pour contribuer à la définition des méthodes de lutte visant à empêcher l'inoculation du *Plasmodium* dans le sang de l'homme.

Ainsi, les travaux de Koyabizo et *al.* (2007) se sont intéressés aux phénomènes physiques et bio-thermiques pour décrypter le phénomène attractif des moustiques. D'après ces auteurs, le comportement du moustique envers la source hématique répond à la « Loi d'attractivité réflexe thermo-neuronique ». Cette source est représentée par les homéothermes.

Le présent ouvrage est structuré de la manière suivante.
Le premier chapitre intitulé « Etude biologique des *Anophelinae* », rassemble une revue de la littérature sur la systématique, la morphologie et la bio-écologie des *Anophelinae*. Les chapitres suivants portent successivement sur : la chaleur et la bio-thermie ; la physique des ondes électromagnétiques ; la détection de l'énergie électromagnétique ; la bio-thermie en métabolisme énergétique ; la détection de la source hématique par les *Anophelinae*.

CHAPITRE 1. ETUDE BIOLOGIQUE DES *ANOPHELINAE*

Ce premier chapitre s'est largement référé aux travaux de Carnevale et Robert (2009), ainsi qu'à ceux des auteurs tels que Costantini (1996), Gillies (1980) et autres, décrivant la systématique, la morphologie, l'éthologie et l'écologie des *Anophelinae*. Ces observations et résultats seront confrontés à ceux obtenus au cours de nos recherches (Koyabizo, 2007), et repris dans l'avant-dernier chapitre.

Meyer (2015), Medlock et al. (2012) et Harbach (2007) ont beaucoup contribué à l'étude taxonomique des moustiques.
Selon ces auteurs, les Culicidés, appelés moustiques, ou encore maringouins, forment une famille d'insectes appelée Culicidae.
Classés dans l'ordre des Diptères et le sous-ordre des Nématocères, ils sont caractérisés par des antennes longues et fines à multiples articles, des ailes pourvues d'écailles, et des femelles possédant de longues pièces buccales en forme de trompe rigide de type piqueur-suceur. À ce jour, 3 546 espèces de moustiques réparties en 111 genres sont inventoriées au niveau mondial mais un bien moins grand nombre pique l'homme.

Les moustiques ont un rôle dans les écosystèmes mais avant tout en épidémiologie humaine et animale car, outre qu'ils sont source de nuisance par les piqûres qu'ils infligent, ils sont le plus important groupe de vecteurs d'agents pathogènes transmissibles à l'être humain, dont des zoonoses. Ils sont vecteurs de trois groupes d'agents pathogènes pour l'être humain : *Plasmodium*, filaires ainsi que de nombreux arbovirus.

Ils sont présents sur l'ensemble des terres émergées de la planète (à l'exception de l'Antarctique), tant dans les milieux forestiers, de savanes ou urbains, dès qu'une surface d'eau douce ou saumâtre, même réduite ou temporaire, est disponible.

1. Position systématique

Les vecteurs des plasmodies de mammifères, y compris les plasmodies humaines appartiennent tous au genre *Anopheles* qui occupe une position taxonomique bien précise.

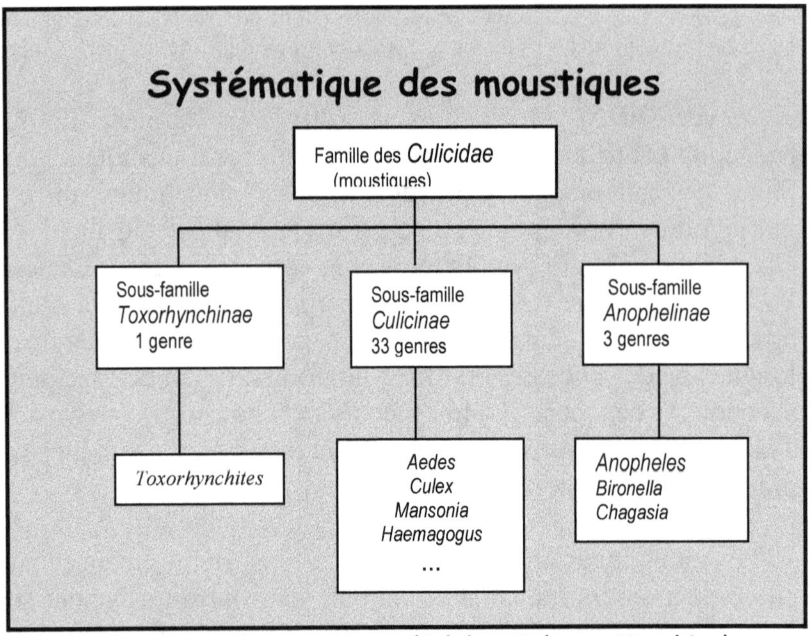

Figure 1. Systématique des moustiques (Schématisée par Koyabizo)

Ils font partie de l'ordre des Diptères, sous-ordre des Nématocères. La famille des *Culicidae*, synonyme du terme courant de « moustiques », comprend plus de 3 300 espèces regroupées en 37 genres (Costantini, 1996). Elle est divisée en trois sous-familles :

- *Culicinae* qui comprend tous les genres de moustiques (33) autres que ceux de la sous-famille *Anophelinae*, avec les genres *Culex*, *Aedes*, *Mansonia*, *Haemagogus*, *Sabethes*, *Psorophora*, etc. ; ce sont des moustiques vulnérants et, pour certains, vecteurs de maladies humaines (fièvre jaune, dengue, Chikungunya, filarioses, etc.) et animales (*Plasmodium* d'oiseaux et de reptiles, fièvre de la vallée du Rift, West Nile, filarioses, etc.).

- *Toxorhynchinae* (Harbach&Kitching, 1968) ; ce sont de gros moustiques non vulnérants dont la trompe ne permet pas de piquer ; les larves sont carnivores et ont été utilisées en lutte biologique sans donner de résultats durables.
- *Anophelinae* qui comprend les vecteurs de toutes les espèces de *Plasmodium* parasitant les sujets humains.

Création du genre *Anopheles* par J. W. Meigen en 1818

Johann Wilhem Meigen publie en 1818 à Aachen (Aix-la-Chapelle) un ouvrage fondateur sur la systématique et la classification des Diptères, *SystematischeBeschreibung der bekanntenEuropäischenzweiflügeligenInsekten* (Description systématique des insectes à deux ailes d'Europe).

Le genre *Anopheles* y est créé, comprenant deux espèces *An. bifurcatus* Linn. et *An. maculipennis*Hoffingg. précédemment décrites sous le genre *Culex*. La première de ces espèces n'était à l'époque pas connue comme hématophage et, comme le souligne Roubaud (1918), étymologiquement, le terme *Anopheles* signifie : qui est sans utilité, qui n'est bon à rien ; cela est à mettre en liaison avec le fait que, dans les climats tempérés, les anophèles autochtones ne prennent qu'exceptionnellement leurs repas de sang sur l'homme.

Le catalogue des moustiques du monde de Knight et Stone (1997) reconnaît trois genres dans la sous-famille des *Anophelinae* :

- le genre *Chagasia* Cruz, 1906, avec quatre espèces, toutes en région néo-tropicale, du Mexique à l'Argentine ; ce sont des moustiques forestiers, zoophages et non vecteurs d'agents du paludisme ;

- le genre *Bironella*Theobald, 1905, avec deux sous-genres : *Bironella*Theobald, 1905 avec 5 espèces et *Brugella* Edwards, 1930, avec deux espèces. Ces espèces sont présentes en région australienne et ne sont pas vectrices d'agents du paludisme ;
- le genre *Anopheles*Meigen, 1818. Reinert (2001) recommande d'utiliser *An.* comme abréviation du nom de genre, et nous nous y conformerons ici. *Anopheles* regroupe six *sous-genres* revus par Harbach (2004) : *Anopheles*Meigen,*Cellia*Theobald,*Nyssorhynchus* Blanchard,*Kerteszia*Theobald,*Lophopodomyia*Autunes,*Stethomyia* Theobald.

Le genre *Anopheles* comprend 484 espèces selon Harbach (2004), mais le nombre est variable selon les auteurs avec les récents travaux de morpho-taxonomie, de cyto-taxonomie ou de taxonomie moléculaire. De nouvelles espèces au sein des complexes d'espèces jumelles peuvent être identifiées ou des synonymies reconnues. Une soixantaine d'espèces environ sont des vecteurs, dont une trentaine sont de bons vecteurs ; leur distribution et leur efficience varient selon les régions géographiques. En Afrique sub-saharienne, on considère qu'il existe quelque 150 espèces d'anophèles, dont une douzaine sont d'excellents vecteurs et certains parmi les meilleurs vecteurs mondiaux, comme *An. gambiae, An. arabiensis, An. funestus, An. nili, An. moucheti.*

2. Morphologie

Les moustiques sont des insectes holométaboles (insectes à métamorphose complète) passant par quatre phases de développement : œuf, larve (quatre stades larvaires), nymphe et adultes. Les trois premiers sont aquatiques, le dernier aérien. L'adulte, la larve et la nymphe ont des morphologies très différentes, adaptées à leurs modes de vie. La durée totale de ce développement, fortement influencé par la température, est de 10 à

15 jours pour les zones tropicales du monde qui rassemblent les plus fortes densités d'espèces.

La morphologie externe des larves et des adultes permet la différenciation rapide au niveau de la sous-famille (*Anophelinae* versus *Culicinae*) et des genres. Au niveau spécifique, la morphologie externe permet aussi de différencier les espèces entre elles. Cependant, dans le cas d'espèces jumelles, il faut souvent faire appel à des techniques complémentaires : croisements, cytogénétique, analyses iso-enzymatiques, biologie moléculaire.

L'ŒUF

Une ponte d'anophèle est composée habituellement de 50 à 300 œufs, de forme allongée, chacun ayant 1/2 millimètre de longueur. Les œufs sont pondus de couleur blanche, puis brunissent. Les œufs d'*Anopheles* sont pondus isolément, en vol, sur la surface de l'eau, et possèdent généralement deux flotteurs latéraux (fig. 2).

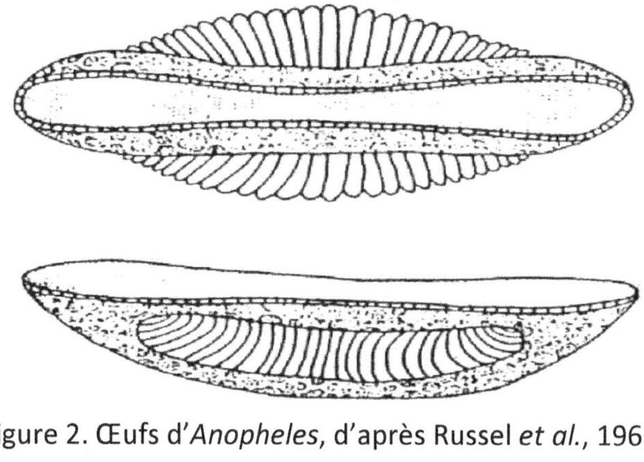

Figure 2. Œufs d'*Anopheles*, d'après Russel *et al.*, 1963.

L'œuf comprend trois membranes : la première (interne) entoure le vitellus et l'embryon, la deuxième est l'endochorion qui va durcir peu après la ponte et être colorée (brun foncé), la troisième (externe) est l'exochorion qui présente différentes ornementations.

Fortement convexe au-dessous et concave, presque droit, au-dessus, il présente une extrémité antérieure plus large que la postérieure. Les flotteurs sont formés de 25 à 30 plis. La bordure striée (« frill »), étroite mais s'étendant sur toute la longueur de l'œuf, délimite une surface elliptique plus étroite postérieurement qu'antérieurement et rétrécie dans sa partie médiane.

La surface, ventrale et dorsale, est ornée d'une trame polygonale, bien visible sur les exemplaires frais. La trame est formée par la juxtaposition d'aires polygonales de petits monticules, séparées par des parois de monticules plus larges.
Longueur : 0,47-0,48 mm ;largeur: 0,16 mm ; longueur des flotteurs : 0,30 mm
Deane &Causey (1943) donnent, pour les exemplaires du Brésil, les dimensions suivantes : longueur : 0,48-0,52 mm ;largeur: 0,19-0,22 mm.
Da Cruz Ferreira (1945) mentionne les différences de longueur existant entre les exemplaires frais (0,49 mm) et les exemplaires montés entre lame et lamelle (0,57 mm).

Variations

De Meillon a observé, en République d'Afrique du Sud, un lot d'œufs dans lesquels la trame polygonale était absente. Bruce-Chwatt (1985)et Malaria Service of Nigeria rapportent l'observation, faite à plusieurs reprises à Lagos, d'œufs anormaux à exochorion recouvrant toute la surface.
Deane &Causey (1943) ont décrit un certain nombre d'œufs· anormaux obtenus en laboratoire ; plusieurs stades ont pu être constatés jusqu'à l'oblitération presque complète de la surface dorsale par l'exochorion; les auteurs ont montré que le pourcentage des œufs anormaux pouvait être élevé en maintenant les femelles fécondées pendant trois jours ou plus à la glacière à 10-13°C.

Les œufs d'anophèles ne résistent généralement pas à la dessiccation et éclosent dans les 48 heures après l'oviposition, dès que l'embryon est entièrement développé. Ce délai est allongé lorsque la température diminue, par exemple de deux jours et demi à 25 °C à sept (7) jours à 16 °C pour *An. minimus* (THOMSON, 1940). MARTINI (1923) a observé un délai de six (6) semaines pour l'éclosion d'œufs d'*An. claviger* déposés sur un sol humide et maintenus à 20 °C. HORSFALL et PORTER (1946) ont noté que des œufs d'*An. punctulatus* et d'*An. farauti* restaient viables 14 jours sur une surface humide (au laboratoire) avec une éclosion rapide dès leur mise en eau. BEIER*et al.* (1990) ont montré que des œufs d'*An. gambiae* et d'*An. funestus* maintenus en condition humide pouvaient éclore respectivement 12 et 10 jours après la ponte. SHILILU*et al.* (2004) ont conservé des œufs d'*An. gambiae* sur plusieurs substrats, secs ou humides, et noté que, sur support sec, le pourcentage d'éclosion diminue de façon drastique de 78-83 % le premier jour à 20-23 % le cinquième jour.

HURLBUT (1943) a exposé des œufs d'*An. quadrimaculatus* à différentes températures et noté les délais d'éclosion suivants : 38 heures à 28 °C ; 54-58 heures à 23 °C ; 109 heures à 18 °C et 358-368 heures à 12 °C. Les œufs d'anophèles ne résistent pas à des températures > 40 °C (THOMSON, 1940) ni au froid, bien que des œufs d'*An. quadrimaculatus* aient été maintenus deux (2) semaines au réfrigérateur par BOYD*et al.* (1935) pour leurs élevages.

Au stade de l'œuf, il est possible de reconnaître les *Anopheles* des *Aedes* et des *Culex* :

- les œufs d'*Aedes* sont pondus isolément sur un support à proximité de l'eau et résistent à la dessiccation ; l'éclosion nécessite un stimulus spécial ;
- les œufs de *Culex* (et de *Coquellettidia*) sont réunis et forment une sorte de barquette flottant sur l'eau (on parle souvent d'œufs en nacelle) ;
- les œufs d'*Anopheles* sont pondus isolément sur l'eau et, soumis au jeu des tensions superficielles, se regroupent parfois par leur extrémité pour former des sortes d'étoiles (à 6 œufs) sur l'eau.

LA LARVE

Ce stade est aquatique. Issue de l'œuf, une larve de premier stade (L1) de taille réduite va, par une succession de trois mues, accroître sa taille, donnant en quelques jours une larve de stade IV (L4), d'une taille variable selon l'espèce et les conditions de développement. C'est sur ce stade IV que les identifications taxonomiques sont réalisées. (Harbach, 2007).

Les larves d'anophèles se reconnaissent des autres larves d'insectes aquatiques par, entre autres, l'absence de pattes et un thorax relativement gros.
Au cours de son développement, la larve subit trois (3) mues et passe ainsi par quatre (4) stades larvaires morphologiquement comparables ; la mue qui survient entre chaque stade permet l'accroissement de la taille de la larve pendant que la nouvelle cuticule durcit. Au stade IV la larve d'anophèle mesure environ 12 à 15 mm.
Morphologiquement, la larve (photo 1) se compose de trois parties : la tête, le thorax et l'abdomen.

Photo 1. Larve d'*Anopheles*, par CERSA

La tête

La tête porte les deux antennes, deux gros yeux composés, une paire de brosses buccales qui servent à créer un courant d'eau apportant les particules alimentaires au niveau de la bouche qui est en position ventrale ; on estime qu'une larve de stade IV peut ainsi brasser et filtrer 0,5 à deux litres d'eau par jour.

Taches .pigmentaires fronto-clypéales : Très variables, parfois réduites à quelques petites taches, parfois très accusées avec une zone transversale foncée dans la moitié antérieure et des taches noires derrière les soies frontales.
Soies clypéales :
1) Antéro-internes, largement séparées à la base (la distance entre les points d'insertion des soies est égale environ à 1/3 de la longueur des soies), fines, finement arborescentes ou avec des branches latérales nettes parfois composées et disposées principalement sur la moitié apicale; leur longueur est de 1/3 à 2/5 de celle du fronto-clypéus.
2) Antéro-externes, simples, bifides, ou avec 3 ou 4 branches ; de 1/3 à plus de la moitié des soies antéro-internes.
3) Postérieures, plus fines et plus courtes que les soies antéro-externes ; simples ou avec 1 à 3 branches. Soie post-frontale (soie occipitale ou soie suturale interne de Senevet) : Simple ou bifide.
Antenne: Avec des spicules courts et peu visibles, principalement dans la moitié basale ; soie antennaire courte et simple, placée environ au tiers de la longueur de l'antenne à partir de la base.
Mentum : Avec 9 dents, les deux subapicales, de longueur variable, déterminant sa forme générale.

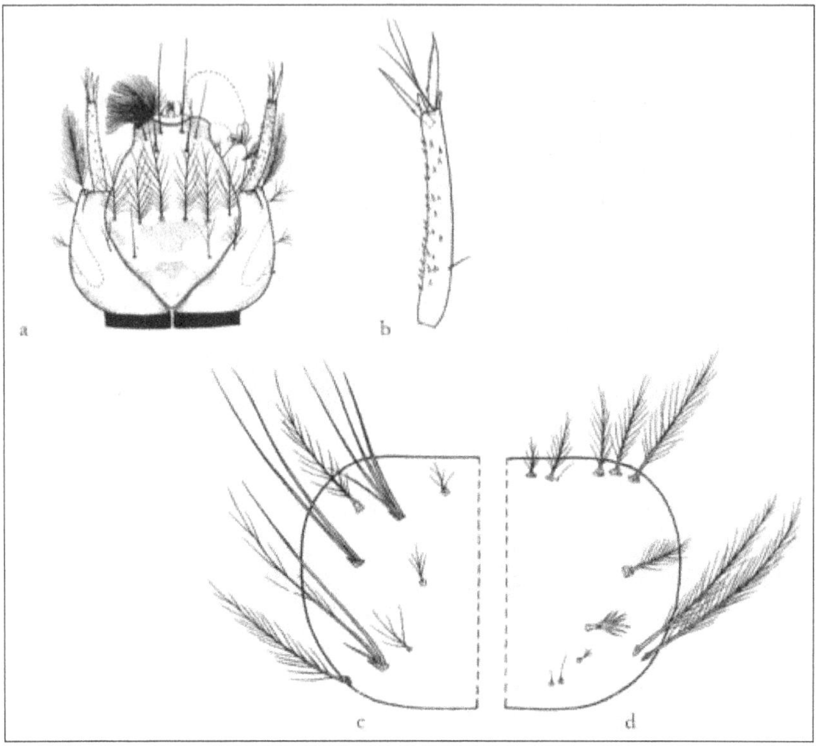

Figure 3. Tête et thorax de larve d'*Anopheles :*
a) vue dorsale de la tête
b) antenne
c) vue ventrale du thorax
d) vue dorsale du thorax
d'après GILLIES et DEMEILLON, 1968.

La tête comporte de nombreuses soies qui sont utilisées pour la diagnose spécifique (identification des espèces), notamment les soies préclypéales internes et externes (fig. 3).

À l'éclosion, la larve de stade I mesure 1 à 2 mm ; elle présente, sur la tête, une dent d'éclosion qui a servi à percer, et ouvrir, le chorion de l'œuf. Cette dent n'existe pas chez les stades ultérieurs.

Le thorax

La liaison entre la tête et le thorax se fait par l'intermédiaire d'une membrane, au niveau du cou, qui permet la rotation à 180° de la tête lors de l'alimentation.

Soies prothoraciques antérieures submédianes (« shoulderhairs ») [figure 3] : peu développées. Les bases des soies interne et médiane sont largement développées.

Soie palmée (soie métathoracique 1 de Senevet): représentée par une courte soie à 2-4 branches.

Soies pleurales
- prothoraciques; 1) dorsale antérieure, forte, à nombreuses ramifications plus longues et plus fournies à l'extrémité ; 2) ventrales antérieure et postérieure, longues et simples ; 3) dorsale postérieure, égale à la moitié des deux précédentes, simple, bifide ou à trois branches ;
- mésothoraciques: 1) dorsales antérieures, longues et simples; 2) ventrale postérieure, courte et simple; 3) épine basale forte, courbe et effilée ;
- métathoraciques : 1) dorsale antérieure, longue, forte et ramifiée; 2) ventrale antérieure, longue et simple ; 3) ventrale postérieure, courte, simple ou bifide.

L'abdomen

Il comprend neuf segments bien visibles, chacun portant différentes ornementations, notamment la plaque tergale et les plaques accessoires, des soies, simples ou branchues ou palmées, etc. qui sont utilisées pour reconnaître les différentes espèces.

Soies palmées
Segment 1 : rudimentaire, présentant de 7 à 12 folioles lancéolées sans filament différencié;

Segment II : de 11 à 13 folioles plus ou moins différenciées.
Segments III-VII : soies bien développées avec 14 à 18 folioles de 0,7 à 1,2 mm. Les folioles se rétrécissent après « l'épaule » en un filament pouvant atteindre la moitié de la longueur de la foliole. Entre le filament et l'épaule, les côtés de la foliole sont le plus souvent découpés en dents de scie.

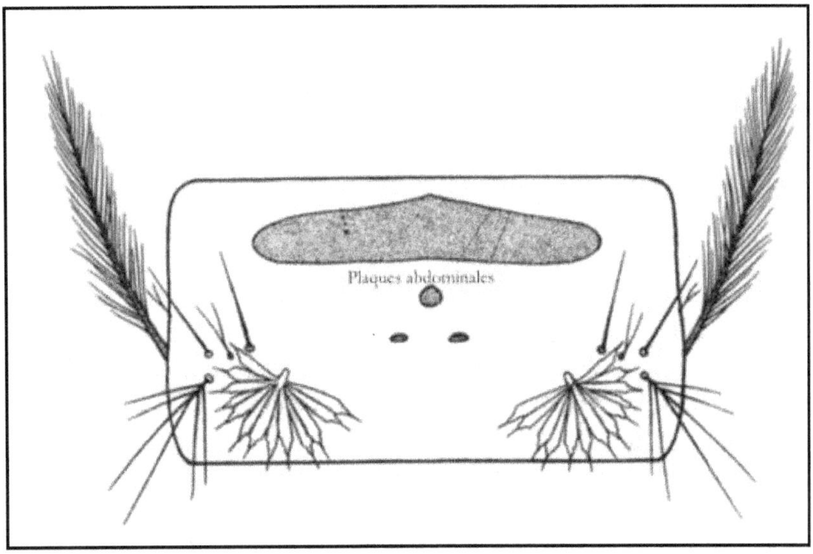

Figure 4. Segment abdominal d'une larve d'*Anopheles,* d'après GILLIES et DEMEILLON, 1968.

Plaques dorsales : modérément développées, avec une plaque accessoire; sur le segment V, la plaque est égale au plus à la moitié de la distance entre les bases des soies palmées ; sur le segment VI, elle est égale ou légèrement supérieure à cette distance.
Soie du tergite X (« saddle haïr »): simple.
Peigne du segment VIII : irrégulier, avec 4-5 longues dents alternant avec quatre groupes de 1-6 dents plus courtes, ces dernières plus ou moins garnies de spicules ; la relation entre les dents courtes et les dents longues varie de 3/7 à 3/4.

Le 8e segment porte :

- latéralement, un peigne de chaque côté (peigne du 8e segment ou pecten pour les auteurs anglo-saxons), excroissance cuticulaire portant des dents dont la forme est utilisée en systématique, et dont la larve se sert pour « peigner » ses brosses buccales ;
- dorsalement, deux stigmates respiratoires qui sont au niveau de la cuticule du segment lui-même, et dont les ouvertures sont fermées par des valves stigmatiques quand la larve plonge. La larve d'*Anopheles* ne possède pas de siphon, contrairement aux *Culicinae*.

Les larves d'Anophèles sont facilement reconnaissables des larves d'*Aedes* et de *Culex* grâce à deux caractères majeurs :

- au repos, la larve d'anophèle se tient parallèle sous la surface de l'eau tandis qu'elle se tient verticale ou oblique chez les autres genres ;
- les stigmates respiratoires affleurent au niveau de la cuticule chez les anophèles alors que chez les *Aedes* et *Culex* (et autres *Culicinae*), ils sont situés à l'extrémité d'un siphon respiratoire plus ou moins long ou plus ou moins trapu selon les espèces et le biotope. Ce siphon porte des épines réunies sous la forme d'un « peigne du siphon » (ou « *comb* » des auteurs anglo-saxons) et des soies dont la forme et la position sont utilisées pour la diagnose spécifique.

Chez les *Mansonia,* l'extrémité du siphon respiratoire, chez les larves comme chez les nymphes, est transformée en appareil spécialisé qui leur permet de percer les plantes, de rester fixés à la végétation aquatique, sous la surface de l'eau, et de respirer à travers les canaux aérifères de ces plantes (fig. 5).

Les larves d'anophèles vivent dans l'eau, s'alimentent, effectuent des mues, mais elles respirent l'air atmosphérique.

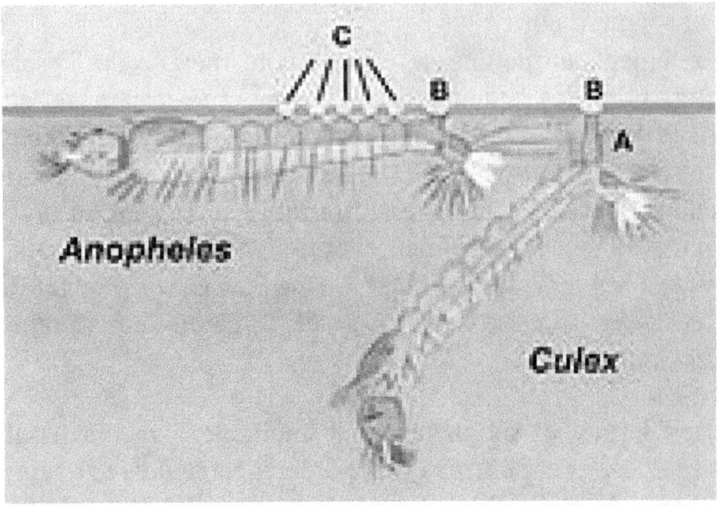

Figure 5. Représentation latérale de larves d'*Anopheles* et de *Culex*dans leurs positions caractéristiques. (CERSA)

La durée de vie larvaire est d'une à deux semaines selon les espèces et les conditions écologiques (dont la température), mais elle est augmentée dans le cas d'hibernation qui peut s'effectuer à l'état larvaire en zones tempérées, chez *An. claviger* et *An. plumbeus* par exemple.

LA NYMPHE

En nous référant à Meyer (2005), Harbach (2007) et autres, la description ci-après a pu être composée et sera complétée par celle d'autres auteurs.
Aquatique, la nymphe présente un céphalothorax fortement sclérifié et renflé avec deux trompettes respiratoires, assez proches l'une de l'autre. Les yeux composés du futur adulte sont visibles latéralement à travers le tégument. Au niveau du céphalothorax se distinguent les ébauches de divers organes du futur adulte : proboscis, pattes, ailes.
L'abdomen se compose de neuf segments, le dernier plus petit que les autres, porte à sa partie apicale une paire de palettes natatoires (nageoires), chacune maintenue rigide par une nervure médiane.

À l'extrémité de la nervure, la palette porte une soie terminale accompagnée sur la face ventrale d'une soie accessoire. Le bord externe des nageoires porte des dents, variables en grandeur et extension, qui constituent un bon caractère de diagnose. Les caractères des soies de l'angle postéro-latéral du huitième segment, ainsi que la soie accessoire sont des caractères particulièrement utilisés. Chacun des huit segments abdominaux porte dorsalement plusieurs paires de soies diverses. Le premier segment porte, en outre, une paire de soies palmées qui contribue à assurer l'équilibre de la nymphe en adhérant par capillarité à la surface de l'eau. La nymphe, également aquatique, ne se nourrit pas mais, durant ce stade (soit 1 à 5 jours), le moustique subit de profondes transformations morphologiques et physiologiques préparant le stade adulte. Au moment de l'exuviation de l'adulte, la pression interne provoque la rupture des téguments du céphalothorax suivant une ligne médio-dorsale. Les bords de la fente s'écartent pour permettre la sortie de l'adulte à la surface de l'eau.

Carnevale et Robert (2009), Costantini (1996), Gillies (1980) et Holstein (1952) nous renseignent ce qui suit à propos de la morphologie de la nymphe.

Epine A

Segment VIII : longue d'environ la moitié du segment ; tige centrale allongée et sinueuse avec 6 ou 7 soies latérales et un bouquet terminal de 2 ou 3 soies.

Segment VII-V : mince, recourbée, à extrémité effilée ; sur VII, égale à la moitié du segment VIII ; sur VI, à 2/5 du segment VII ; sur V, à ¼ du segment VI.

Segment IV: Très réduite, à extrémité mousse, égale à 1/10 du segment V. Segments III et II : réduite à un petit tubercule mousse.

Soie B

Segments VII-V : environ 2/3 du segment suivant le segment d'insertion ; simple sur le segment VII, avec 3 ou 4 branches bien développées et, parfois, 1 ou 2 fines branches supplémentaires sur les segments VI et V. Segment IV : 3-4 branches; Segment III : 4-6 branches.

Photo 2. Nymphe d'*Anopheleshircanus*(CERSA).

Soie C

Segments VII-V : Aussi longue ou plus longue que le segment suivant le segment d'insertion ; simple. Segment IV : 2/3 du segment V ; 3-4 branches. Segment III: 2/3 du segment IV ; 4 branches. Segment II : La moitié du segment III ; 4-6 branches.

Soie C'

Segment VI : 1/4 environ de la soie C ; simple ou bifide.

Soie IV

Segments VII et VI : courte ; 3 branches. Segment V : moyenne ; 3-4 branches. Segment IV : 4 branches longues. Segments III et II : 3-6 branches longues.

Soie III

Segments VII et VI : courte; 2-3 branches. Segment V : longue et simple. Segment IV : 4-5 branches assez longues. Segments Ill et II : forte et longue, simple.

Nageoires
Bord externe présentant, à partir de la moitié environ et jusque vers le dernier cinquième, des épines de plus en plus longues et fines, dirigées vers l'arrière, où elles sont peu à peu remplacées par une frange de poils fins. Soie terminale longue, recourbée en crosse, et pointue.
Soie accessoire simple, bifurquée ou trifurquée ; égale à environ la moitié de la précédente.
Trompe respiratoire
Méat bien développé, largement ouvert, mesurant du tiers à la moitié de la longueur de la trompe.

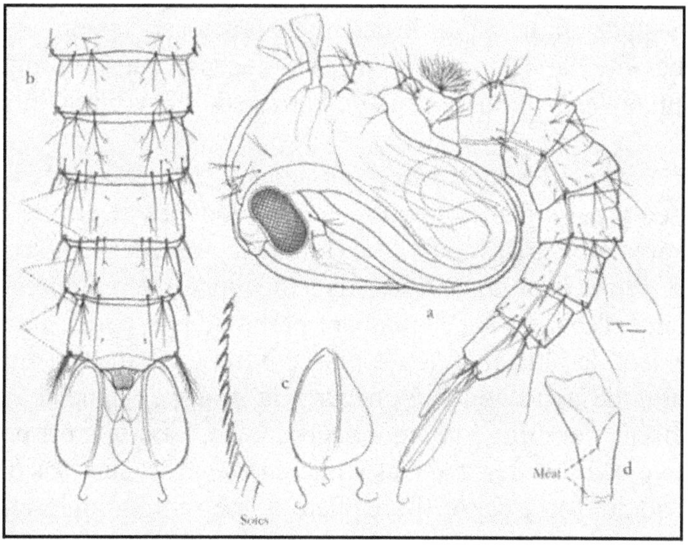

Figure 6. Nymphe d'*Anopheles* (a), extrémité abdominale (b), palette natatoire (c), et trompette respiratoire (d), d'après GILLIES et DEMEILLON, 1968.

La nymphe représente le dernier stade de la vie pré-imaginale, et de la phase aquatique. La nymphe est l'objet de remaniements internes très importants au cours de la métamorphose qui permet la transformation en adulte ailé. En fin de nymphose, le corps du futur adulte est bien visible à travers la chitine transparente. Au moment de l'émergence, la nymphe mature se positionne juste sous la surface de l'eau, une suture ecdysiale située sur la face dorsale du thorax se fend longitudinalement et laisse sortir l'adulte hors de l'exuvie nymphale, et donc hors de l'eau. Cette émergence ne dure que quelques minutes. C'est une phase spectaculaire et délicate de la vie du moustique qui est alors exposé aux risques des prédateurs comme aux moindres mouvements d'air ou d'eau, entraînant la noyade (ce qui est un comble après une existence jusqu'alors entièrement aquatique).

L'ADULTE

Au stade adulte, la taille des moustiques varie selon les genres et espèces de 3 à 40 mm mais elle ne dépasse que très rarement les 10 mm, à l'exception de ceux de la tribu des Toxorhynchitini.

A ce stade, les moustiques possèdent, comme tous les Diptères, une seule paire d'ailes membraneuses, longues et étroites, repliées horizontalement au repos. Les Culicidae possèdent un corps mince et des pattes longues et fines. Ils se reconnaissent facilement par la présence d'écailles sur la majeure partie de leur corps. Les femelles possèdent de plus de longues pièces buccales, caractéristiques de la famille, de type piqueur-suceur : la trompe, appelée rostre ou proboscis, qui inflige la piqûre si redoutée. Leur tête est pourvue de deux yeux à facettes mais les Culicidae ne possèdent pas d'ocelles.

L'adulte (ou imago) d'anophèle a une morphologie particulière (fig. 7) qui le rend rapidement reconnaissable, même pour des non-spécialistes, mais il ne faut pas le confondre avec les autres moustiques et avec d'autres insectes qui ne sont pas des moustiques, par exemple :

- les tipules, diptères à l'allure de gros moustiques (15-30 mm) avec des longues pattes grêles, absolument inoffensifs ;
- les chironomes, de mêmes taille et silhouette que les moustiques, volent en abondance le soir en bordure des étendues d'eaux stagnantes ou courantes, également

inoffensifs parce que dépourvus de toute pièce buccale vulnérante.

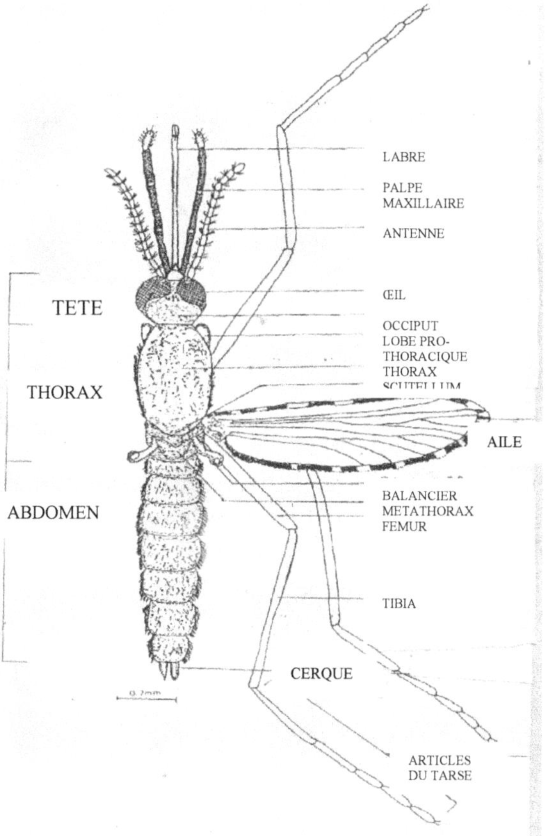

Figure 7. Adulte femelle d'*Anopheles*, par Koyabizo.

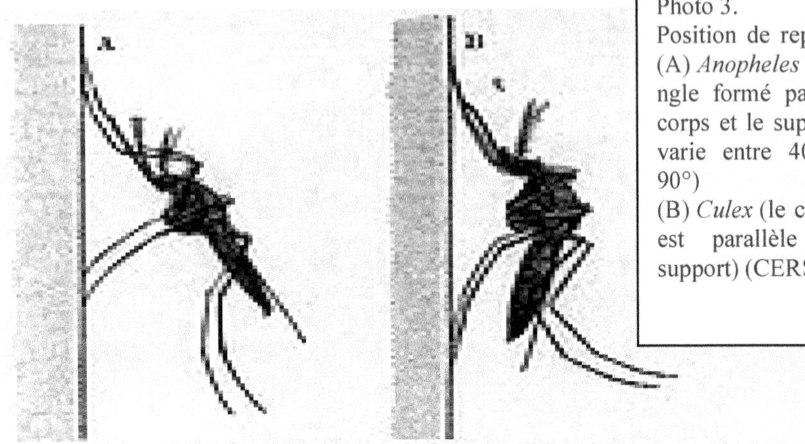

Photo 3.
Position de repos : (A) *Anopheles* (l'angle formé par le corps et le support varie entre 40 et 90°) - (B) *Culex* (le corps est parallèle au support) (CERSA)

Au repos, les anophèles adoptent généralement une position oblique par rapport au support, les différenciant facilement des autres *Culicinae* qui se positionnent parallèlement au support (photo 3). Mais, exception qui confirme la règle, *An. culicifacies* adopte une position parallèle au support qui peut le faire confondre avec un *Culex* à des yeux non avertis.
L'adulte comporte trois parties bien distinctes : la tête, le thorax et l'abdomen.

La tête

Au niveau de la tête, cette famille fait bien partie du sous-ordre des Nématocères par ses antennes longues et fines à nombreux articles (15 articles chez le mâle et 14 chez la femelle), dépourvues de style ou d'arista. Les femelles se distinguent facilement des mâles qui sont les seuls à présenter des antennes plumeuses.

La tête porte quatre éléments remarquables :

1) Deux gros yeux composés (avec de nombreuses ommatidies) (photo 4) mais pas d'yeux simples (« ocelles »).
2) Deux antennes (de 15 articles) avec un fort dimorphisme sexuel.

3) Un appareil buccal de type suceur pour les mâles (qui se nourrissent de jus sucré, nectar de fleurs, sève, etc.) et de type vulnérant pour les femelles (qui se nourrissent comme les mâles mais qui sont aussi hématophages).
4) Deux palpes maxillaires (formés de cinq articles) situés de part et d'autre du proboscis.

Photo 4. Yeux composés d'*Anopheles*(Agrandis. 40x). (CERSA).

Au niveau de la tête, on reconnaît les formations suivantes :
Ecailles pâles, généralement blanches mais, dans quelques exemplaires, légèrement jaunâtres sur la partie postérieure. Touffe frontale longue, bien développée.
Antennes : écailles claires sur le torus et la partie interne du 1er article, parfois sur les 2ème et 3ème articles.
Palpes femelles : minces avec trois bandes pâles ; la bande apicale, large, couvre la totalité du 5ème article et l'apex du 4ème ; la bande médiane, large de moins de la moitié de la précédente, englobe l'extrême base du 4ème article et l'apex du 3ème ; 4ème article et l'apex du 3ème ; la bande basale, de la même dimension que la médiane, couvre l'apex du 2ème article.

Photo 5. Antenne d'*Anophelessundaicus* mâle (haut) et femelle (bas).(CERSA).

Chez le mâle, les mandibules et les maxilles sont réduites, l'hypopharynx est soudé à la lèvre inférieure, le tout formant un appareil buccal non vulnérant.

Chez la femelle, il existe (fig. 8) une trompe, ou proboscis, bien visible qui se compose :

- d'un labium en position de lèvre inférieure terminé par deux labelles qui guident les six stylets vulnérants ou fascicules lors de leur entrée dans la peau. Au repos, il est replié en gouttière fermée dorsalement autour des fascicules. Le labium est la seule pièce buccale souple et également la seule à ne pas pénétrer dans la peau au moment de la piqûre ;

- du labre qui forme la partie supérieure du canal alimentaire par où le sang (et éventuellement les gamétocytes de plasmodies) est ingéré grâce à une pompe alimentaire située au niveau du thorax ;
- deux mandibules latérales, fins stylets denticulés dont les extrémités sont en forme de lame ;
- deux maxilles également latérales, principaux organes perforants avec des « dents » à leur extrémité pour percer l'épiderme et le derme, puis la paroi du canal sanguin ;
- de l'hypopharynx percé d'un fin canal salivaire par où est injectée la salive (et éventuellement les sporozoïtes de plasmodies) ; l'hypopharynx forme le plancher du canal alimentaire.

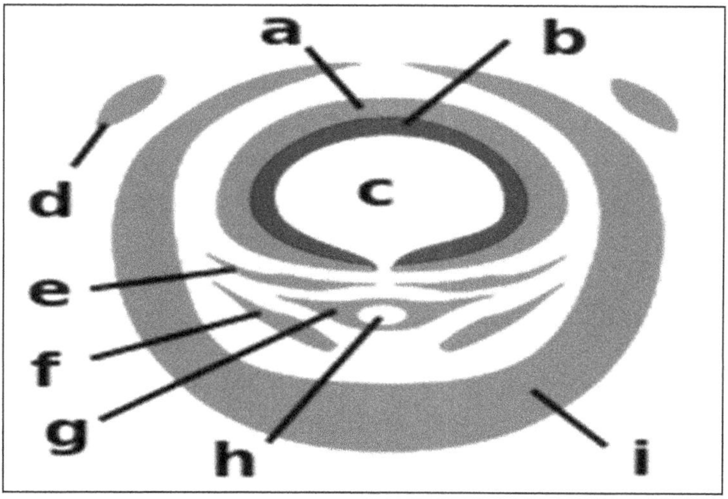

Figure 8. Schéma de section de la trompe d'*Anopheles.*(CERSA).

Coupe transversale schématique du proboscis(trompe). **a** : labre supérieur ; **b** : épipharynx ; **c** : canal alimentaire ; **d** : palpe maxillaire ; **e** : mandibule ; **f** : maxille ; **g** : hypopharynx ; **h** : canal salivaire ; **i** : labium.

Caractéristiques des palpes

Palpes mâles : Massue («club») principalement pâle, avec une bande noire au milieu et près de la base; 3ème article pâle à l'apex ; articulation entre les 2ème et 3ème articles pâle.

Pharynx femelle : L'armature pharyngienne, en vue dorso-ventrale, montre une double rangée de 12-18 dents: cônes et baguettes (« rods ») formant une barre pharyngienne incurvée. Les stries bucco-pharyngiennes («post-armature ridges» de Christophers) apparaissent, en section optique, comme des rangées d'étroites rides se chevauchant, de chacune desquelles se projettent vers l'arrière des processus en forme de soies longues et bien développées. Les cônes (35-38 µ) montrent un bulbe basal à crête postérieure, dont la racine, tubulaire, se projette dans la paroi ventrale du pharynx. Le sommet du bulbe, d'où se détache un filament long et plat (23-26 µ), montre deux épines latérales proéminentes. En vue latérale, les cônes montrent le bord supérieur de la crête avec 6 à 8 denticulations profondes. Les filaments portent, latéralement et sur la partie postérieure, de nombreux spicules. Les baguettes, plus courtes que les cônes (14-16 µ), ont une base ovalaire dissimulée entre les cônes. La partie apicale, étroite et effilée, présente parfois une ou deux dentelures en forme de pli.

Ainsi, l'examen rapide de la tête d'un moustique adulte permet d'une part d'identifier le sexe et d'autre part de distinguer les anophèles des autres moustiques.

Le thorax

Le thorax des moustiques est formé de 3 segments, avec un segment médian hypertrophié renfermant les muscles des ailes. Ce segment porte les ailes longues et étroites. Les ailes comportent six nervures longitudinales, les 3e, 4e et 5e étant fourchues. La présence d'écailles sur les ailes est un caractère diagnostique de la famille. Ces écailles teintées peuvent former des taches le long des nervures ou le long du bord antérieur ou postérieur (*Anopheles, Orthopodomyia*). Ces ailes leur permettent de voler en moyenne à 3 km/h.

Chaque segment est pourvu d'une paire de pattes longues et fines formé de 5 parties (coxa, trochanter, fémur, tibia et tarse formé de 5 tarsomères) pourvu souvent d'écailles dont l'ornementation (anneau, bande, moucheture) constitue un caractère d'identification. La répartition des soies et des écailles sur le thorax revêt une grande importance dans la détermination des différents genres et espèces de Culicidae. Citons : les soies acrosticales (sur le « dos » du thorax), les soies pré ou postspiraculaires (avant ou après le spiracle), les soies mésépimérales inférieures et supérieures.

Le thorax est composé de nombreuses plaques chitinisées sur la face dorsale (tergites), ventrale (sternites) et latérales (pleurites) (fig. 9) qui ont toutes reçu un nom ; il porte aussi deux paires de stigmates latéraux (pour la respiration) et de nombreuses soies et écailles dont la forme, et la disposition, sont utilisées pour reconnaître les espèces.

Le thorax porte une paire d'ailes et trois paires de pattes.

Le thorax est segmenté en trois parties visibles (pro-, méso- et méta-thorax) de tailles inégales. Chaque segment porte, au niveau ventral, une paire de pattes, longues et fines, chacune formée de neuf parties successives articulées (arthropodes) : la hanche, le trochanter, le fémur, le tibia et les cinq articles du tarse dont le dernier porte deux griffes latérales permettant au moustique de s'accrocher sur le support. Les pattes peuvent porter de nombreuses écailles dont l'ornementation est utilisée en systématique avec un critère ainsi libellé « pattes tachetées ou non » (GILLIES&DEMEILLON, 1968).

Fémurs, tibias et Ier article du tarse mouchetés d'écailles crème ou jaunâtres, formant des taches plus ou moins nombreuses, surtout aux pattes antérieures et médianes. Fémurs des pattes antérieures et médianes avec une tache ou un anneau pâle près de la base. Apex des tibias pâle. Tarse antérieur : · Anneaux clairs très nets couvrant les extrémités basales et apicales des articles I, II et III. Anneau clair basal, et parfois apical, sur l'article IV ; article V sombre, présentant rarement quelques écailles claires· à l'apex. Tarse moyen : Identique au précédent, mais les anneaux clairs des articles I, II et III sont plus étroits. Un anneau clair basal sur l'article IV; article V entièrement sombre. Tarse postérieur : Anneaux clairs très étroits mais nets à la partie apicale des articles I à IV ; article V habituellement entièrement sombre.

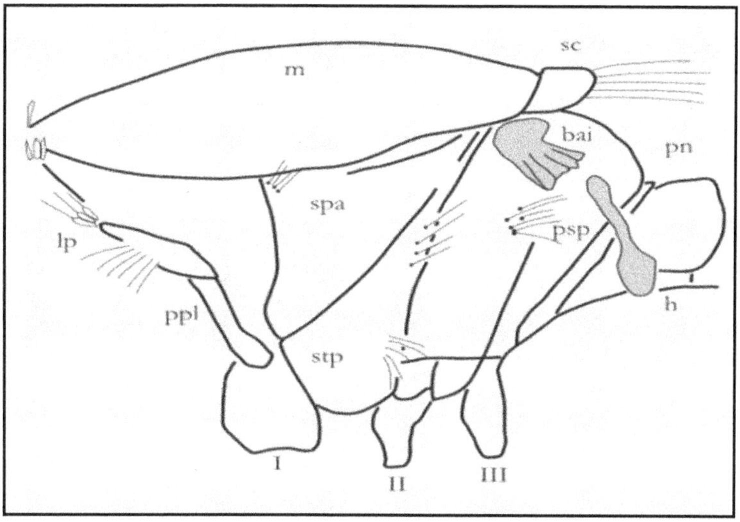

Figure 9. Thorax, vue latérale [m = mésonotum ou scutum ; sc = scutellum ; lp = lobe pronotal ; spa = spiracle antérieur ; h = haltères ou balanciers ; stp = sternopleure ; psp = spiracle postérieur ; pn = post-notum ; ppl = propleure ; bai = base des ailes ; I, II et III = base des pattes], d'après GILLIES et DEMEILLON, 1968.

Le deuxième segment du thorax est le plus développé, c'est le segment alaire. Il comprend les muscles du vol et porte une paire d'ailes membraneuses (fig. 10) d'apparence tachetée car recouvertes d'écailles sombres ou claires. Cette ornementation alaire caractéristique permet de reconnaître de suite les anophèles des autres Culicinae. Ross, médecin non zoologiste, l'avait d'ailleurs bien noté lors de ses premières infections expérimentales (1897) puisqu'il avait observé des oocystes se développant chez les moustiques aux ailes mouchetées (*dapple-wingmosquitoes*). L'aile est maintenue et tendue par cinq nervures principales et des nervures secondaires, qui ont reçu un nom (costale, sous-costale, radiale, médiane, cubitale, anale) ou un numéro selon les classifications. Le bord d'attaque de l'aile est renforcé par une forte nervure costale soutenue par une nervure sous-costale. Le bord de fuite de l'aile présente une frange continue d'écailles saillantes, blanches ou noires, qui augmentent la surface portante. L'ornementation alaire est très utilisée pour la diagnose spécifique.

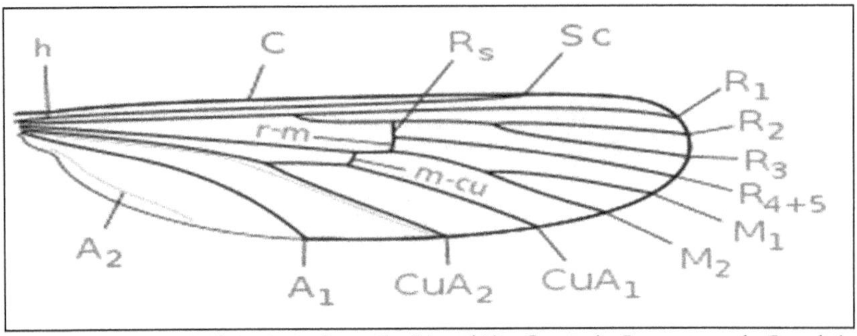

Figure 10. Nervuration schématique d'une aile d'Anophèle : **C**: costale; **Sc**: sous-costale; **R**: radiale, **M**: mediane;**Cu**: cubitale; **A**: anale; **h**: humérale;**r-m**: radio-médiane; **m-cu**: médio-cubitale. (CERSA).

Photo 6. Ailes d'An. Minimusen vue dorsale, par Koyabizo.

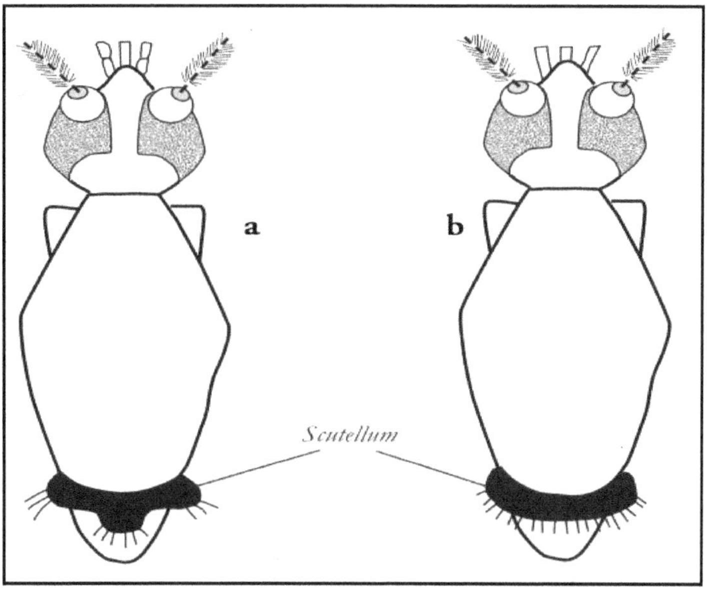

Figure 11. Thorax et scutellum de Culicinae (a) et d'Anophelinae (b).

Le troisième segment porte une paire d'haltères, ou balanciers, qui servent d'organe d'équilibration lors du vol.

La plaque dorsale postérieure au scutum est le scutellum. Il est arrondi chez les anophèles à la différence des *Culicinae* (qui ont un scutellum trilobé) (fig. 11).

L'abdomen

L'abdomen des moustiques est formé de dix segments dont les deux derniers sont télescopés à l'intérieur du 8e segment : ils sont modifiés en organes reproducteurs.
Tégument brun clair, souvent jaunâtre, paraissant plus foncé, presque noir, chez les femelles gorgées. Surfaces dorsale et ventrale recouvertes de poils jaunâtres. Les sternites présentent des

taches sub-médianes claires sur les IIe - VIIè segments, quelques écailles claires sut le VIIIè et, parfois, le IXe segment. Cerques femelles avec des poils sombres et des écailles sombres et pâles.

Hypopygium mâle: Coxite (lobe basal, premier article des forcipules, basistyle ou pièce latérale) allongé, relativement étroit et portant sur sa face externe des écailles et de longs poils. Il montre, sur la moitié basale de sa surface interne, un groupe de cinq fortes soies ou épines : quatre épines parabasales et une épine accessoire (épine interne), plus longue et plus recourbée, insérée plus haut que les quatre autres.
Le deuxième article des forcipules, le style (« clasper » ou dististyle), continue le coxite; étroit et allongé, il se recourbe en dedans et s'épaissit dans son quart terminal, où il montre une petite soie latérale. A son extrémité apparaît, sous forme d'un ongle chitinisé, un rudiment du troisième article.
A la base du coxite se différencie un lobe, l'harpagone (gonapophyse), dont le bord antéro-externe porte des épines réunies en une massue («club» ou processus spatulé). A côté de la massue se trouve une longue soie : la soie apicale, qui en est séparée par une ou deux soies complémentaires plus courtes.
Entre la base des coxites se trouve le phallosome (pénis, mésosome ou aedeagus), médian, dans la base duquel pénètrent les conduits éjaculateurs. Il porte, de chaque côté de son ouverture distale, un certain nombre d'appendices (de 5 à 8 paires): les folioles, à bord interne denticulé; leur longueur varie de 42,5 μ à 52,5 μ.

Chez la femelle, le 8e segment reste bien visible, le 9e segment « génital », portant le vagin, est réduit à une petite plaque tergale à laquelle font suite les deux cerques dorsaux, sous lesquels s'ouvre le rectum porté par le 10e segment « anal ». Rectum et vagin sont séparés par une plaque vaginale bien visible, le vagin est fermé par deux lèvres.

Chez le mâle, la situation est plus compliquée. Peu après la naissance, l'extrémité abdominale subit une hémirotation de 180°

qui dure environ 24 h, les tergites des trois derniers segments passent alors en position ventrale et dans le même mouvement, les sternites passent en position dorsale ; au niveau du 8e segment, se croisent l'intestin qui devient dorsal et le spermiducte qui devient ventral. Le 9e segment (génital) est très modifié, avec le 10e, il constitue l'hypopigium (ou *genitalia*) dont la morphologie, très complexe et variable, permet de reconnaître les différentes espèces de *Culex,* d'*Eretmapodites*, d'*Aedes,* de *Coquillettidia* en particulier. Par contre, ce n'est pas un bon critère spécifique chez les anophèles. À l'extrémité de l'abdomen, le mâle porte des claspers ou forcipules (composés chacun de trois articles), assimilables à des pinces qui lui permettent d'accrocher la femelle au moment de la copulation ; en position médiane se trouve le pénis ou phallosome, de forme et d'ornementation variables selon les espèces.

Encadré 1. Le sexe se reconnaît aisément chez les anophèles adultes

	Chez le mâle	Chez la femelle
Tête avec antennes	plumeuses	glabres
Extrémité de l'abdomen	genitalia visibles	cerques

L'ANATOMIE INTERNE DES ADULTES

L'anatomie interne des anophèles est typique de celle des insectes. Elle est composée de plusieurs appareils dont les plus immédiatement perceptibles à la dissection sont les appareils digestif et génital (fig. 12).

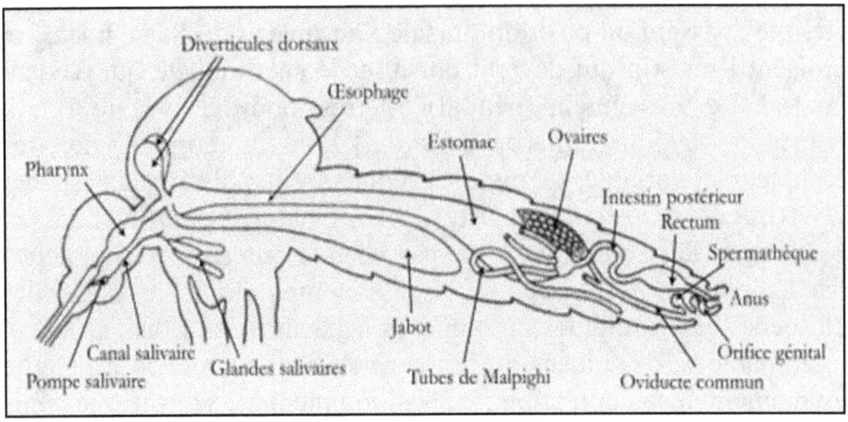

Figure 12. Anatomie interne d'un moustique femelle, d'après BRUCE-CHWATT, 1985

L'appareil digestif

Il comprend :

- le cibarium au niveau de la cavité buccale, puis le pharynx qui lui fait suite ; les pompes cibariale et pharyngienne permettant l'absorption du sang ;
- l'intestin antérieur, ou œsophage, auxquels aboutissent les canaux du jabot et des deux diverticules dorsaux ;
- un volumineux estomac, ou intestin moyen (*midgut* en anglais), où se fait la digestion du sang ;
- un intestin postérieur qui se termine à l'anus ; les « tubes de Malpighi » débouchent à la limite entre intestins moyen et postérieur.

En position latéro-ventrale, au niveau du prothorax, sont situées les glandes salivaires (une paire de glandes trilobées) avec un lobe médian court et deux lobes latéraux (tous deux identiques) plus longs chez les *Anophelinae*, alors que les trois lobes sont de même taille chez les *Culicinae*. Le lobe médian et les lobes latéraux diffèrent par leurs structures histologiques et par la composition des sécrétions qui forment la salive. Le canal salivaire est revêtu de cuticule sur toute sa longueur jusque dans la portion proximale des lobes latéraux, mais pas dans la portion distale de ces lobes ni dans le lobe médian (WRIGHT, 1969).

Classiquement, la recherche de sporozoïtes de *Plasmodium* s'effectue en observant sous un microscope optique les glandes salivaires fraîchement disséquées et placées dans une goutte d'eau physiologique.

La salive est synthétisée par les glandes salivaires, puis est éjectée *via* le canal salivaire à l'extrémité distale de l'hypopharynx lors de la piqûre, dès l'insertion des stylets. La salive contient de nombreuses protéines (KERLIN&HUGUES, 1992 ; ARCA*et al.*, 2002 ; CALVO*et al.*, 2006 ; CORNELIE*et al.*, 2007) présentant différentes fonctions, certaines empêchent la coagulation et l'agrégation des plaquettes (YOSHIDA*et al.*, 2008), d'autres ont un rôle digestif (phosphatase, estérase, aminopeptidase, glycosidase) ou vasodilatateur (péroxidase) (JAMES&ROSSIGNOL, 1991 ; CHAMPAGNE&RIBEIRO, 1994 ; CHAMPAGNE*et al.*, 1995).

La salive est impliquée dans les deux phénomènes liés à la piqûre du moustique : le repas sanguin et la transmission de pathogènes. Les protéines salivaires sont libérées dans le derme de l'hôte et participent activement aux relations homme/vecteur, notamment en inhibant la réaction hémostatique et la réaction immunitaire de l'hôte engendrées par la piqûre (RIBEIRO, 1995). Les propriétés pharmacologiques de la salive du moustique peuvent être classées en trois mécanismes principaux de la réaction hémostatique de l'hôte. En effet, les protéines salivaires agissent comme des inhibiteurs de l'agrégation des plaquettes, des vasodilatateurs et des inhibiteurs de la coagulation sanguine.

L'enzyme apyrase, qui hydrolyse l'ATP et l'ADP, représente l'inhibiteur majeur de l'agrégation plaquettaire et semble présente chez l'ensemble des arthropodes hématophages (JAMES&ROSSIGNOL, 1991). L'activité vasodilatatrice implique les protéines tachykinines et catéchol oxydase/péroxidase alors qu'un inhibiteur de la thrombine a été identifié chez les *Anopheles* comme un inhibiteur de la coagulation (FRANCISCHETTI*et al.*, 1999).

De par ces effets pharmacologiques, principalement décrits dans les années 1980-1990, l'identification de toutes les protéines dans la salive de moustique (nommée « sialome ») représente actuellement une voie intéressante de l'étude des relations homme-vecteur. Des bases de données de gènes exprimant des protéines susceptibles d'être sécrétées au moment de la piqûre ont été mises à disposition pour les *Anopheles*, même si la fonction de nombreuses protéines reste putative ou inconnue (ARCA*et al.*, 1999a, 1999b, 2002 ; FRANCISCHETTI*et al.*, 2002). Grâce à cette caractérisation du sialome, les recherches à venir pourront déterminer la fonctionnalité de ces protéines salivaires afin :

- d'identifier leur rôle pharmacologique,
- d'évaluer leur effet respectif sur l'immuno-modulation locale chez l'hôte mammifère,
- de déterminer leur rôle sur la transmission de *Plasmodium*.

L'appareil génital de la femelle

Il est composé par deux ovaires, dont les oviductes externes se joignent pour former un oviducte impair ou commun (avec ses ampoules), un vagin, une spermathèque et une glande annexe (fig. 13). Chaque ovaire est composé d'un grand nombre d'ovarioles, variables selon les espèces, qui aboutissent radialement à un oviducte interne.

L'évolution des ovarioles se fait en cinq stades, dits de CHRISTOPHERS (1911) :

- stade I : le follicule est arrondi avec un oocyte bien visible en position distale et sept cellules nourricières ;
- stade II : le follicule s'ovalise, le vitellus apparaît et occupe jusqu'à la moitié du follicule ; ce stade est souvent divisé en II début, II moyen (ou « stade de repos » en attente d'un repas de sang) et II fin ;
- stade III : le follicule est de forme ovale et le vitellus occupe entre la moitié et les 3/4 du follicule ; ce stade est aussi souvent divisé en III début, III moyen et III fin (c'est à la fin de ce stade que les chromosomes polytènes des cellules nourricières sont bien visibles) ;
- stade IV : le vitellus occupe pratiquement tout le follicule (> 9/10) qui est de forme ovale ;
- stade V : présence des flotteurs, le chorion couvre tout l'œuf ; à la fin de ce stade, l'œuf est mature et prêt à être pondu.

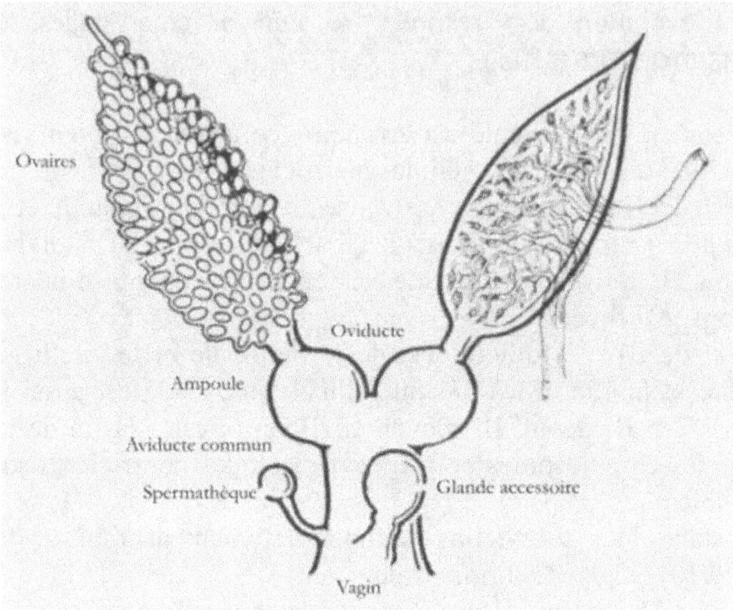

Figure 13. Appareil génital d'un *Anopheles* femelle, d'après BRUCE-CHWATT, 1985.

MER (1936) distingue un stade supplémentaire N avant le stade I, le follicule est rond et constitué de huit cellules indifférenciées, les ovaires sont souvent à ce stade lors de l'émergence ; et un stade I-II où des globules de vitellus se forment autour du noyau pour constituer une sorte de couronne tandis que l'ovariole commence à s'ovaliser.

La femelle est généralement fécondée par un seul mâle mais des fécondations multiples ont été démontrées par analyses génétiques des spermatozoïdes stockés dans la spermathèque (TRIPET*et al.*, 2003).

La spermathèque permet à la femelle de stocker et de conserver les spermatozoïdes fonctionnels. Lors de la ponte, les spermatozoïdes sont acheminés depuis la spermathèque, *via* le canal spermathécal dont le débouché est proche du vagin

(DETINOVA, 1962). L'œuf, avant d'être libéré est maintenu dans une position précise avec le micropyle du chorion juste en regard du débouché du canal spermathécal. C'est ainsi qu'un spermatozoïde pénètre dans l'œuf pour le féconder.

Tableau I. Critères de reconnaissance morphologique des anophèles par rapport aux autres *Culicinae.*

	Anophelinae	**Culicinae**	
	Anopheles	*Culex*	*Aedes*
Œufs	Pondus isolément sur l'eau. Avec des *flotteurs* latéraux généralement bien visibles.	Pondus isolément à côté de l'eau. Pas de flotteurs visibles. Résistent à la dessiccation.	Pondus regroupés en barquettes (ou nacelles).
Larves	Au repos : parallèle sous la surface de l'eau. Stigmates respiratoires sans siphon.	Au repos : oblique par rapport à la surface de l'eau. Siphon respiratoire +/- long et trapu et présence d'un peigne.	
Nymphes	Trompettes respiratoires courtes et évasées.	Trompettes respiratoires longues et fermées.	
Adultes	*Position au repos* : généralement oblique par rapport au support. *Femelle* : Palpes maxillaires aussi longs que la trompe. *Mâle* : Palpes maxillaires : extrémités renflées.	Position au repos : Parallèle au support. Femelle : Palpes maxillaires < la trompe. Mâle : Palpes maxillaires : extrémités effilées.	

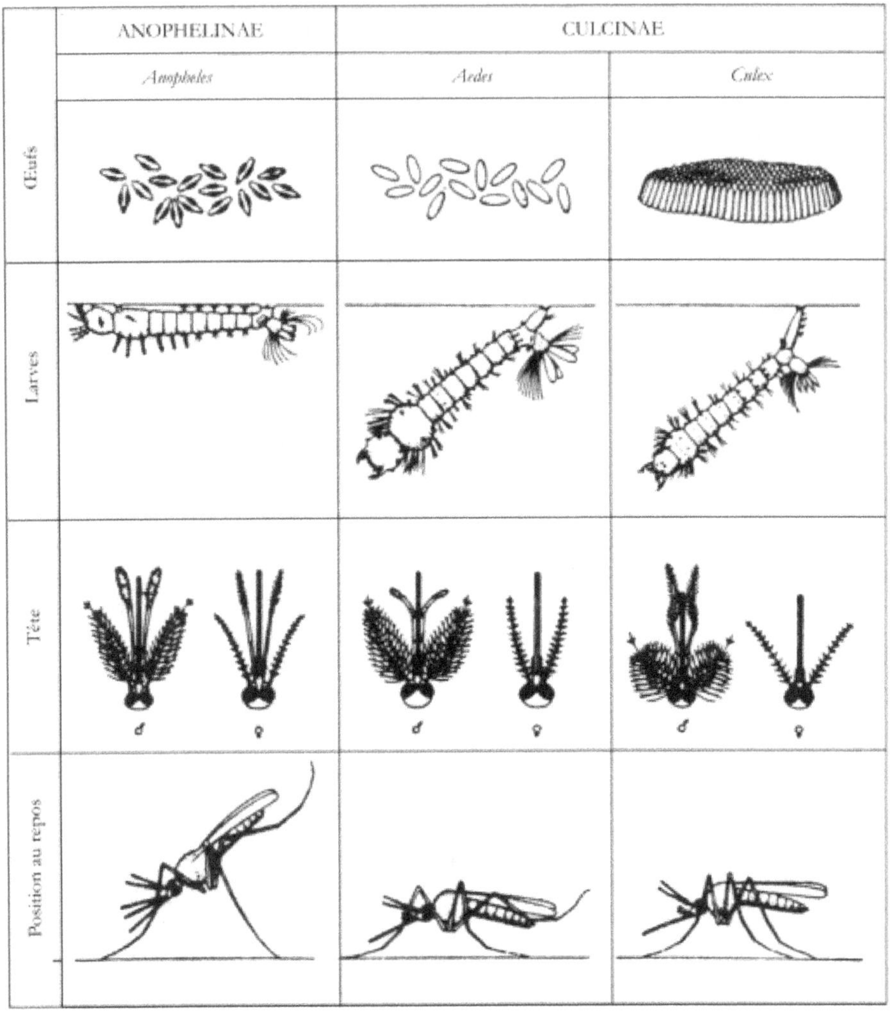

Figure 14. Principales caractéristiques morphologiques permettant de différencier les *Anophelinae* des *Culicinae*, d'après BRUCE-CHWATT, 1985.

Les autres appareils

L'appareil génital du mâle est composé de deux testicules avec leurs canaux déférents et de volumineuses glandes accessoires basales qui aboutissent à un canal éjaculateur dont le débouché se situe à l'extrémité du pénis.

Le système nerveux est composé d'un « cerveau » dorso-céphalique d'où partent deux cordons qui entourent l'œsophage et se réunissent en position ventrale. Ces cordons se prolongent par une double chaîne ventrale le long du corps du moustique avec, au niveau de chaque segment, des ganglions nerveux avec des nerfs qui innervent le segment correspondant.

Le système « circulatoire » est essentiellement composé d'un vaisseau pulsatile en position dorsale, aussi appelé aorte, dans lequel la circulation de l'hémolymphe est postéro-antérieure ; ce vaisseau dorsal est ouvert aux deux extrémités sur la cavité générale.

Les organes du moustique baignent dans l'hémocèle, « sang » incolore, presque dépourvu d'éléments figurés mis à part l'exception notable des hémocytes, qui véhiculent les substances nutritives ou les déchets, mais sans rôle notable dans le transport de l'oxygène.

Le système excréteur est composé de cinq tubes de Malpighi, régulièrement disposés sur la face externe de l'estomac. Ils font office d'organe de filtration, comme les reins chez les mammifères. Comme chez la plupart des insectes, le produit ultime du catabolisme des composés azotés est l'urate qui est éliminé avec d'autres substances non digérées *via* l'intestin postérieur et l'anus.

Le système endocrinien est composé de plusieurs organes tels que les *corporacardiaca*, *corporaallata* et autre glande pro-thoracique, situés dorsalement entre le prothorax et le cou.

Les différentes hormones qui y sont synthétisées jouent un rôle crucial dans la régulation de la métamorphose, et de diverses fonctions physiologiques liées notamment chez l'adulte à la reproduction.

Le système immunitaire emploie un large spectre de défenses antimicrobiennes qui sont partiellement efficaces contre les agents du paludisme et qui peuvent ainsi limiter l'infection chez le moustique.

Le système musculaire, présent pour assurer la fonctionnalité de toutes les articulations, atteint un développement spectaculaire avec les muscles mésothoraciques reliés aux ailes pour le vol.

Le système respiratoire apporte l'oxygène et évacue le gaz carbonique sous forme gazeuse, directement au niveau des organes par un réseau arborescent de trachées et trachéoles maintenues ouvertes par une sorte de spirale de chitine.

3. Bio-écologie

Les adultes mâles et femelles se nourrissant de nectar de fleurs, ils participent à la pollinisation des plantes, au même titre que les autres diptères, que les papillons ou les hyménoptères.

Bien que source de graves problèmes de santé publique, les moustiques (parfois favorisés par les aménagements ou comportements humains) font partie de la diversité biologique et fonctionnelle des zones humides, où ils ont une importance pour le cycle du carbone, de l'azote notamment et même une valeur de bio-indicateur selon certains biologistes. Ils font partie des espèces qu'on trouve dans les hot-spot de biodiversité, y compris en Europe.

Leurs larves font naturellement partie des assemblages de zooplancton de nombreuses zones humides « *non-tidales* », mais avec des caractéristiques différentes de celles des autres Diptera (une partie importante de leur cycle de vie est fixée).

Les moustiques (larves et adultes) sont une source de nourriture pour de nombreux prédateurs (insectes, lézards, batraciens, oiseaux…), transférant de l'eau à la terre quantités de biomasse. Certaines larves, représentant une part importante de la biomassedes écosystèmes aquatiques, filtrent jusqu'à deux litres par jour en se nourrissant de micro-organismes et déchets organiques. Elles participent donc à la bio-épuration des eaux marécageuseset, par leur cadavre ou leurs déjections, rendent des éléments indispensables à la croissance des plantes, tel l'azote.

En zone équatoriale, ils sont présents toute l'année à l'état de larve ou d'adulte et plus on se rapproche des pôles, plus les moustiques se développent saisonnièrement et avec un décalage marqué entre la ponte, l'émergence des larves et des adultes (qui nourrissent respectivement des groupes d'insectivores différents ; aquatiques ou terrestres et aériens). En zone froide et tempérée, les prédateurs des moustiques sont surtout des espèces qui hibernent et qui mangent les moustiques aux époques où ils se développent.

3.1. Biologie larvaire

Trois éléments fondamentaux sont à prendre en considération, en ce qui concerne la biologie larvaire.

– Les espèces d'anophèles et les conditions de température influencent grandement la durée de vie larvaire. En zones tropicales, la phase aquatique des anophèles dure de 1 à 3 semaines. En zones tempérées, le stade larvaire peut durer plusieurs semaines, ou mois, car certaines espèces peuvent hiberner à l'état larvaire comme *An. claviger* (Kasap, 1986 ; Simsek, 2006). À l'opposé, il a été trouvé, en Égypte, des larves d'*An. pharoensis* dans des casiers rizicoles où la température était de 40 °C. Les températures estivales sur *An. merus* produisent des larves de petite taille à l'origine d'adultes dont les ailes sont relativement courtes (Le Sueur & Sharp, 1991).

– Les larves (et les nymphes) vivent dans l'eau mais ont une respiration aérienne, une particularité biologique utilisée dans la stratégie de lutte anti-larvaire qui vise à empêcher les larves et les nymphes d'atteindre la surface et de respirer, ce qui entraîne alors leur asphyxie.

– Les gîtes larvaires sont très variés. A l'état larvaire, *An. gambiæ* est susceptible de se développer dans une grande variété de gîtes. On peut le rencontrer dans tous les types de collections d'eau, à condition qu'elles ne soient pas trop chargées en matières organiques ou en sels minéraux et que le courant soit faible ou nul. Cette espèce préfère cependant les petites collections d'eau ensoleillées résultant de l'activité humaine. Dans le Sud du Cameroun, les gîtes naturels à *An. gambiæ* : trous de rochers, creux d'arbres, insertions des feuilles engainantes, sources, mares résiduelles des étangs, zones inondées, flaques bordant les cours d'eau, suintements de rochers, etc..., sont souvent importants en raison de leur permanence, mais plus difficiles à déceler que les gîtes artificiels.

Parmi ces derniers, il faut citer en premier lieu les ornières des chemins, où les larves pullulent après une pluie, les fossés et, d'une façon plus générale, toutes les excavations de quelque surface creusées par l'homme en sol argileux et emplies d'eau. Ce sont les gîtes qu'on observe le plus fréquemment dans les villes et les villages, ceux que crée ou favorise la civilisation.

Les étangs de pisciculture que l'on multiplie actuellement, les bassins aménagés par les villageois pour retenir le poisson ou servir de lavoirs, constituent également des habitats favorables pour les larves d'*An. gambiæ*. Les travaux de terrassement (par ex., ceux nécessités par l'agrandissement des hôpitaux à Yaoundé et

Douala...) donnent naissance à de vastes flaques d'eau stagnante, rapidement colonisées par les larves d'*A.gambiæ*. De moindre importance sont les empreintes de pas ou de sabots des bœufs, les pirogues, calebasses, pots de terre et récipients divers où s'amasse l'eau de pluie, mais qui ne constituent que des gîtes temporaires.

L'eau des gîtes à *A. gambiæ* est presque toujours ensoleillée et relativement peu chargée en matières organiques. Son pH, mesuré à l'aide d'un « Ionoskrib » à Yaoundé et Evodoula, varie de 6,5 à 7,5 (± 0,5), mais on sait que cette espèce peut se développer dans des eaux à pH compris entre 4 et 10, donc nettement acides ou alcalines.

Certaines espèces ont des contraintes écologiques strictes. Les larves d'*An. bwambae* (du complexe *An. gambiae*) sont inféodées aux eaux natronnées de la forêt de Semliki en Ouganda (White, 1985). Au contraire, d'autres ont une grande amplitude écologique : les larves d'*An. melas* et *An. merus* (également du complexe *An. gambiae*), d'*An. sundaicuss.l.* et d'*An. pseudopunctipennis* peuvent vivre aussi bien en eau douce qu'en eau saumâtre. Les larves d'*An. pseudopunctipennis* se développent dans des gîtes salés alimentés par l'océan jusqu'à des gîtes d'eau douce à une altitude de 3200 m dans la cordillère des Andes (Manguin et al., 1996b).

An. gambiaes.s. est observé des forêts dégradées du Congo aux zones de savanes pré-sahéliennes (Coetzee et al., 2000) ainsi qu'en zone urbaine comme en zone rurale (Coluzzi, 1994), dans des gîtes naturels (flaques) ou anthropiques (céanes). De façon générale, les larves d'anophèles se développent dans des eaux relativement propres contrairement aux larves de *Culex quinquefasciatus* qui peuvent se développer dans des eaux souillées de matières organiques et se retrouvent alors abondamment dans les zones urbaines où l'hygiène n'est pas assurée. Cependant, des larves d'*An. gambiae* ont pu être récoltées dans des drains pollués en zones urbaines (Abidjan, Dakar, Brazzaville, Yaoundé, etc.), mais cela reste peu fréquent.

La connaissance des gîtes larvaires permet :
– de comprendre l'influence des conditions environnementales sur la transmission (intensité et dynamique) du paludisme.
Par exemple :
* au Pakistan : *An. subpictus, An. culicifaciess.l.*, *An. stephensi* et *An. pulcherrimus* ont été associés à toute une série de biotopes larvaires précis en zones irriguées permettant une meilleure planification des mesures de lutte par modifications de l'environnement et des systèmes d'irrigation (Herrel et al., 2001) ;
* au Kenya : la nature du substrat des gîtes larvaires (substrats argileux ou substrat sableux ou eau du lac sans substrat) influence la compétence vectorielle d'*An. gambiae* vis-à-vis de *P. falciparum* (Okech et al., 2007).

– d'associer certaines espèces d'anophèles à certaines formations végétales, par exemple *An. moucheti*, entre autres, se développe parmi les plantes flottantes du genre *Pistia*, ce qui permet de dresser des cartes écologiques identifiant les gîtes, actuels ou potentiels, afin de prendre des mesures préventives.
La végétation des gîtes peut être très abondante, à la fois verticale (Graminées, Cypéracées, Alismacées, Hydrocharitacées, etc...) et horizontale (*Pistia, Eichhornia*, etc...), parfois entièrement submergée (algues vertes filamenteuses : Spirogyres par ex.). Elle peut aussi manquer complètement : cavités du sol récemment emplies par les pluies. La microflore et la microfaune ont une densité variable : Chlorophycées unicellulaires, Diatomées, Flagellés, Ciliés, petits Crustacés (Copépodes pullulant dans les petites mares). Il arrive que les larves d'*An. gambiœ* soient parasitées par des Zoochlorelles, desFlagellés et des Ciliés (*Glaucoma*, Vorticelles, etc...), parfois au point de ne plus pouvoir se déplacer. Dans leurs gîtes vivent aussi des prédateurs : Coléoptères Hydrocanthares, Hémiptères, Hydrocorises ; souvent, les têtards y abondent. Comme espèces associées, citons les *Chironomidœ*, surtout lorsque le fond est vaseux, et divers *Culicidœ* : parfois *Anophelesfunestus Giles, An. coustani Laveran, An. rufipesGough, An. niliTheobald, An. hancocki Edwards*..., plus

fréquemment *Culex tigripes*Grandpré et Charmoy (qui dévore les autres larves), *C. duttoni Théo., C. decens Théo., C. nebulosus Théo., C. annulions Théo., C. ingrandEdw., C. perfuscusEdw..., AëdesphyllolabisEdw., A. cumminsi Théo.*, etc...

La couleur de l'eau des gîtes dépend de la nature du fond (rocheux, argileux...), de la végétation et du plancton, de la teneur en matières organiques et minérales en suspension. En général, on observe les larves d'*An.gambiæ* dans les eaux claires et celles à coloration laiteuse attribuable à des substances colloïdales, parfois dans les eaux boueuses ou verdies par des Chlorophycées.

Deux autres éléments importants sont à relever :

– La même espèce peut coloniser différents types de biotopes comme *An. gambiae* trouvé dans des petites flaques d'eau temporaire (de type empreinte de pas ou de sabot) ou des grands casiers à riz, ou *An. albimanus* qui se développe dans les pâturages inondés ou les rivières en fonction de la disponibilité des gîtes. On parle alors d'une espèce ubiquiste dont les critères de sélection des gîtes pré-imaginaux ne sont pas très précis et qui s'adapte en fonction de leur disponibilité.

– Le même biotope peut abriter plusieurs espèces anophéliennes.
Par exemple :

- trois vecteurs aux préférences écologiques différentes, *An. darlingi, An. albimanus* et *An. pseudopunctipennis*, peuvent être en sympatrie dans des gîtes d'eau stagnante (au Belize) lorsque les habitats larvaires se font rares ;
- en début de riziculture, les casiers à riz hébergent des larves d'*An. gambiae* en Afrique de l'Ouest, *An. sinensis* en Extrême-Orient ou *An. hyrcanus* en Eurasie ;
- en fonction de l'évolution du riz, les casiers rizicoles en Afrique de l'Ouest peuvent héberger successivement des larves d'*An. gambiae* (au début de la riziculture), puis d'*An. pharoensis*, puis d'*An. coustani* (lors de la récolte) (Robert et al., 1989). Au Mali, les

larves d'*An. gambiaes.s.* sont surtout présentes dans les six semaines suivant la transplantation du riz puis d'autres espèces anophéliennes se développent au fur et à mesure de la montaison et maturation du riz alors que de moins en moins de lumière atteint la lame d'eau (Klinkerberg et al., 2003). À Madagascar, les casiers hébergent successivement, *An. arabiensis*, puis *An. funestus*, le vecteur majeur, lors de l'épiaison et la montaison. Selon les espèces anophéliennes ainsi favorisées, il est alors possible de prévoir les périodes de poussées de transmission du paludisme concordantes avec certaines phases de la riziculture dans les zones considérées.

De façon générale, la température des gîtes larvaires, comme la température extérieure, ne présente que d'assez faibles variations et se tient entre 20-25° C en moyenne. Elle peut monter à 29-30° C dans les petites collections d'eau chauffées par le soleil.
Dans la zone forestière du Sud-Cameroun, les gîtes larvaires à *A. gambiæ* et autres espèces s'observent surtout au voisinage des lieux habités. Ils sont très répandus, mais presque toujours inférieurs en nombre aux gîtes à Culex et à Aèdes.

La fréquence saisonnière des gîtes larvaires à est en relation avec la pluviométrie. C'est au début de chaque saison pluvieuse que les larves d'*An.gambiæ* se rencontrent en plus grande abondance, au maximum des pluies ou de la sécheresse qu'elles se raréfient, soit par disparition des collections d'eau (en décembre, par exemple), soit au contraire par entraînement des larves lorsque les précipitations deviennent torrentielles (en septembre-octobre). En raison de la variabilité des conditions locales, on ne peut toutefois énoncer de règle générale : il a été observé à Evodoula, au début de la saison sèche (mi-novembre), une brusque pullulation des larves d'anophèles à la suite d'une pluie d'orage qui avait rempli des ornières et des flaques presqu'à sec la veille. A Yaoundé, il a été noté pendant quatre ans la fréquence mensuelle des gîtes larvaires à *An. gambiæ*, sans pouvoir relever de différences saisonnières nettes et surtout constantes : on observe seulement une diminution progressive de leur nombre d'août à décembre.

La résistance des œufs d'anophèles à la dessiccation a été étudiée par plusieurs auteurs. Elle dépend du substratum et de l'humidité relative : ne dépassant pas quatre jours sur sable latéritique sec, quel que soit le degré hygrométrique de l'air, elle atteint 16 jours sur argile humide, avec 83' p. 100 d'humidité relative. La résistance des larves et des nymphes est de beaucoup plus courte durée et ne paraît pas excéder quatre jours sur argile humide. A Evodoula (novembre 1952), de jeunes larves et des larves au 4ème stade ont survécu deux jours dans la boue humide résultant de l'assèchement d'une ornière et ont repris leur activité dès qu'une pluie d'orage eut rempli le gîte. Des œufs conservés au moins 24 heures dans cette boue ont éclos simultanément lors de la remise en eau de l'ornière. Des nymphes laissées 12 à 24 heures sur argile humide peuvent donner naissance à des adultes, bien que la mortalité à l'éclosion soit sensiblement augmentée.

Les risques ainsi créés ou augmentés doivent être évalués et éventuellement être accompagnés de la mise en œuvre des mesures adaptées de lutte préventive (Coosemans& Mouchet, 1990 ; Mouchet & Brengues, 1990 ; Mouchet Et Al., 1993 ; Mouchet, 1999 ; Ijumba et al., 2002a, 2202b).

3.2. Biologie des adultes

La biologie de l'adulte est caractérisée par deux comportements principaux: l'alimentation et la reproduction qui, chez la femelle, s'accompagnent de la dispersion à la recherche successive de l'hôte vertébré, du site de repos et du gîte de ponte.

L'ensemble de ces comportements s'inscrit dans le « cycle gonotrophique » qui ne concerne évidemment que la femelle puisque le mâle se nourrit exclusivement de jus sucrés et n'est pas hématophage.

Émergence et accouplement

Les premiers jours de la vie imaginale permettent le durcissement de la cuticule, la prise d'alimentation sucrée et la maturation des organes sexuels. Un délai de 24 heures est nécessaire à la femelle pour que ses pièces buccales durcissent assez pour pouvoir percer l'épiderme des hôtes vertébrés et prendre un repas de sang. L'alimentation sucrée concerne les mâles et les femelles. Elle procure les substances énergétiques (hydrates de carbone) nécessaires pour le vol. Chez les femelles, elle peut aussi stimuler le début de développement des ovarioles, du stade N ou I au stade II moyen. L'alimentation sucrée est prise par la femelle tout au long de sa vie et à n'importe quel moment de son cycle biologique selon ses besoins. L'accouplement se fait peu après l'éclosion imaginale chez la femelle (2e ou 3e jour), avant ou après le premier repas de sang. Les mâles sont fertiles après le 3e jour de vie imaginale, ce délai est nécessaire pour le bon fonctionnement des organes reproducteurs après l'hémirotation de 180° de l'appareil génital et de l'extrémité abdominale. L'accouplement peut être précédé d'un essaimage des mâles observable à quelques mètres du sol et qui a attiré l'attention des chercheurs depuis longtemps (Annett et al., 1902 ; Cambournac& Hill, 1940 ; Russell & Rao, 1942 ; Muirhead-Thomson, 1951 ; Nielsen &Haeger, 1960 ; Charlwood et al., 2002 ; Diabaté et al., 2006). Cet essaimage se forme généralement au crépuscule, mais aussi parfois à l'aube, à des heures très répétitives, et à des localisations parfois très constantes du jour au lendemain, voire d'une année à l'autre. Les essaims peuvent varier de quelques dizaines à plusieurs milliers de mâles. Il semble que les stimuli qui attirent la femelle dans un essaim seraient d'ordre optique, olfactif (phéromones) et auditif tandis que le mâle serait attiré par la fréquence des vibrations des ailes de la femelle. Les mâles des différentes espèces auraient des fréquences de battement des ailes caractéristiques et ces essaims réagiraient à plusieurs sons (Nachtigall, 1974). En Inde, il a été observé des essaims regroupant deux espèces, *An. sundaicus* et *An. subpictus*, les modalités de reconnaissance spécifique par les femelles entrant dans de tels essaims n'ont pas été déterminées. La copulation peut se dérouler entièrement en vol ou bien commencer en vol et se poursuivre lorsque le couple (la femelle accrochée par les claspers du mâle) est au sol. Cette copulation est de courte durée (quelques secondes) et le mâle rejoint ensuite l'essaim dans l'attente d'autres partenaires. La plupart du temps, une seule insémination est réalisée au cours de la vie de chaque femelle. Dans le cas de plusieurs copulations, il était admis que seule la première serait efficace en termes de transfert de spermatozoïdes dans la spermathèque. Mais récemment, Tripet et al. (2003) ont montré l'existence de multiples inséminations par l'analyse ADN des spermatozoïdes de la spermathèque de femelles sauvages d'*An. gambiae* ; cette polyandrie a été observée chez 2,5 % des spermathèques (sur 239 étudiées). Peu après la copulation, les voies génitales des femelles contiennent un bouchon de fécondation («spermatophore») qui proviendrait à la fois de la sécrétion des glandes accessoires du mâle et des glandes génitales de la femelle. Ce bouchon de fécondation se dissout en quelques heures si bien que sa présence signe une copulation récente (Gillies, 1956, 1958). La copulation peut avoir lieu avant ou après le premier repas de sang (Brengues & Coz, 1973). Elle ne doit pas être confondue avec la fécondation des ovarioles par les spermatozoïdes stockés dans la spermathèque et qui a lieu lors de la ponte.

Le cycle gonotrophique

Le cycle gonotrophique des insectes vecteurs d'affections parasitaires conditionne la fréquence de leurs contacts avec les hôtes vertébrés et sa connaissance constitue un élément fondamental de l'analyse épidémiologique d'une maladie transmissible. La fréquence de ces contacts est, en effet, tributaire de nombreux facteurs mais elle dépend essentiellement du temps nécessaire à la digestion du repas de sang qui s'accompagne de la maturation des ovaires, puis de l'oviposition, laquelle sera suivie de la prise d'un nouveau repas de sang.

Mais les premières études consacrées au cycle gonotrophique d'*Anophelesgambiae* ont procuré des informations contradictoires dues au fait, qu'à l'époque, le problème du complexe gambiae n'était pas résolu et que les interprétations du cycle étaient différentes.

Pour Covell et al. (1953), puis Gillies et al. (1961), le cycle correspond au laps de temps s'écoulant entre le repas de sang et la ponte. Dans ces conditions, Muirhead-Thomson (1948) note qu'au Nigéria, les femelles pondent la seconde nuit après l'alimentation sanguine, tandis que pour Hacking et Mac Inness (1948), au Kenya, l'intervalle entre le repas et la ponte serait de 4,75 jours.

Gillies (1953), en Tanzanie, remarque que le cycle peut varier de 2 à 3 jours selon la température. Mais cet auteur reconnaît introduire une source potentielle d'erreur dans son expérimentation, car le maintien en captivité des femelles gravides supprime la nécessité du vol à la recherche des lieux de ponte. Ce problème du comportement de vol avait été envisagé par Lumsden (1951) qui, en Ouganda, estimait qu'environ 24 heures devaient s'écouler entre le repas et la ponte, mais qu'un nouveau délai de 24 heures séparait cette ponte du repas suivant. Cette conception est très intéressante car elle prend pour définition du cycle le temps séparant deux repas et cette idée a, ensuite, été adoptée par Detinova (1963).

Toutefois, c'est la définition proposée par Beklemishev (1940) qui est actuellement la plus généralement admise (Le Berre, 1966 ; Subra, 1972 ; Brengues et Coz, 1973 ; Germain et al., 1974 ; Carnevale et al., 1978 a).

Pour Beklemishev, le cycle gonotrophique définirait le délai séparant l'émergence de la première ponte dans le cas des femelles nullipares, puis deux ovipositions successives dans le cas des femelles pares.

Le cycle se composerait alors de trois phases bien distinctes :
1) la recherche de l'hôte par la femelle néonate ou la femelle à jeun venant de pondre;
2) la digestion du sang ingéré et la maturation ovarienne ;
3) la recherche d'un gîte de ponte favorable par la femelle gravide et le dépôt des œufs.

Premier cycle gonotrophique : de l'émergence imaginale à la première ponte

Les études de la physiologie de l'appareil reproducteur des femelles de moustique (Clements, 1963 ; Detinova, 1963 ; Fill, 1976) ont montré qu'après l'éclosion imaginale, la croissance normale des follicules de la jeune femelle peut être divisée en deux périodes.
D'abord un développement jusqu'à un stade de repos (« resting stage ») qui peut être considéré comme une diapause ovarienne selon Clements (op. cit.).
Le follicule est alors au stade « 2 » pour Macan (1950), « IIb » pour Clements et « 2 moyen » dans la classification habituelle. Ensuite, après l'ingestion du repas de sang, un développement complet jusqu'à la formation de l'œuf mûr.
Cette vitellogénèse initiale peut se faire aux dépens des réserves nutritives accumulées pendant la vie larvaire ; elle peut également résulter de la digestion de substance hydrocarbonée ou d'une première alimentation sanguine (Mer, 1936; Detinova, 1944; Gillies, 1954, 1955).

Plusieurs hypothèses ont été avancées pour expliquer ce besoin d'un repas de sang supplémentaire pour stimuler le début de l'ovogenèse.
Il est généralement admis que les imagos provenant de larves sous-alimentées ne formeraient pas, ou pas assez, de vitellus pour que les follicules atteignent le stade 2 moyen.
On pense aussi que les femelles néonates s'alimentant très tôt après leur émergence auraient encore leurs follicules aux stades 1-2 début

et devraient alors prendre deux repas de sang pour mûrir leurs œufs.
Par contre, les femelles s'alimentant 2 à 3 jours après leur éclosion auraient des follicules au stade 2 moyen et un seul repas leur suffirait alors pour que la maturation ovarienne soit complète.

Encadré 2. Les différentes modalités d'évolution des ovaires.

Le plus souvent, un repas de sang entraîne le développement ovarien ; mais il existe trois autres possibilités d'évolution des ovaires. Chez les femelles dites « autogènes» (Roubaud, 1929), la maturation de la première ponte se fait sans repas de sang, à partir des réserves accumulées pendant les stades larvaires ; pour les autres cycles, l'alimentation sanguine est nécessaire. Ce phénomène est habituel chez *Culex pipiens* forme autogène, ou « autogenicus», mais rare chez les anophèles où il a été noté chez *An. claviger* (Marcovitch, 1941) ; un développement autogène de la première ponte a aussi été noté dans des régions froides ou tempérées chez *An. bifurcatus* (= *An. claviger*), *An. hyrcanus, An. plumbeus* (Detinova, 1962). Chez les femelles qui hibernent à l'état adulte, il peut y avoir une dissociation gonotrophique (Swellengrebel, 1929) induite par une réduction de la photopériode, avec deux possibilités : – une « semi-diapause hivernale », par exemple chez *An. sacharovi, An. superpictus* et *An. atroparvus* ; les femelles fécondées survivent en s'alimentant de substances sucrées, voire de sang, mais sans qu'il y ait développement des ovaires ; – une diapause complète comme chez *An. messeae*, les femelles hibernent sans se nourrir et leurs ovaires ne commencent à évoluer qu'au printemps suivant, à la fin de la diapause. Il semble que la levée de la diapause serait influencée par une augmentation de température. Chez les femelles qui estivent en zone tropicale chaude, comme *An. arabiensis* au Soudan (Omer &Cloudsley-Thomson, 1970), les femelles pares qui ne peuvent accéder à des gîtes de ponte en saison sèche prennent alors des repas de sang incomplets avec un développement très progressif des ovaires, sur plusieurs mois, permettant l'oviposition au début de la saison des pluies lorsque des gîtes sont à nouveau disponibles. Il existe aussi des oogenèses abortives (Nicholson, 1921), quel que soit le stade de développement du follicule ovarien, aboutissant à sa dégénérescence, tandis que des follicules adjacents se développent normalement. Cette dégénérescence folliculaire serait vraisemblablement due à plusieurs facteurs comme une quantité insuffisante de sang ingéré ou une infestation de l'estomac des anophèles par des microsporidies par exemple.

Selon Gillies (1954), les follicules d'*Anophelesgambiae* seraient au stade 1 au cours des 36 heures suivant l'émergence et les stades 2 début et 2 moyen seraient observés chez les femelles âgées de deux jours au moins. Il existe donc deux comportements gonotrophiques possibles :
a) si les follicules sont aux stades 1 ou 2 début au moment du premier repas (« femelles nullipares 1 »), celui-ci sera quantitativement peu important et pourra être digéré en 24 heures. Il sera néanmoins suffisant pour que les ovaires de ces femelles,

dites « prégravides » atteignent « le stade de repos ». Un jour après cette « alimentation stimulatrice », un deuxième repas d'un volume « normal », pourra être ingéré par les femelles « nullipares 2 », qui deviendront alors « primigravides ». Ce sang est digéré en 48 h et la maturation ovarienne ira généralement à terme, de sorte que la première ponte pourra être effectuée deux jours après le deuxième repas, c'est-à-dire trois jours après la première ingestion de sang ;
b) si les follicules ont atteint le stade 2 moyen au moment de la première alimentation sanguine, celle-ci sera d'un volume suffisant pour que le développement ovarien des femelles « primigravides » arrive à terme en 48 heures et que la première oviposition puisse avoir lieu deux jours après le premier repas.
On peut donc distinguer deux catégories de femelles nullipares : celles qui n'ont besoin que d'un seul repas de sang et celles qui doivent piquer au moins deux fois avant de déposer leur première série d'œufs. D'un point de vue épidémiologique, il était important de préciser les proportions de femelles ayant un tel stade prégravide au cours de leur premier cycle gonotrophique.

Deuxième cycle gonotrophique et suivants

Phase 1 : recherche de l'hôte

L'examen de l'état du sac folliculaire (« ouvert », ou « en cours de rétraction », ou « fermé ») des femelles capturées au moment de leur piqûre, permet de préciser le délai qui sépare la ponte de l'alimentation sanguine. En effet, après la ponte, la femelle pare va à la recherche d'un hôte pour effectuer son repas de sang et elle peut :

– trouver un hôte favorable et piquer la même nuit que l'oviposition alors que les sacs folliculaires sont encore ouverts ;

– ne pas trouver d'hôte et attendre, dans un lieu de repos, pour prendre un repas de sang la nuit d'après celle du dépôt des œufs; les sacs folliculaires sont alors fermés. La durée de cette phase 1 est essentiellement fonction de la disponibilité des hôtes à partir du site de ponte. Elle influence la durée moyenne du cycle gonotrophique qui dépend de la proportion de femelles présentant ces deux types de comportements post-ovipositionnels. Cela a été intégré dans une formule permettant de calculer la durée du cycle gonotrophique (Carnevale et al., 1978, 1979).

Phase 2 : digestion sanguine et maturation ovarienne

Lorsqu'elle a trouvé un hôte qui lui convient, la femelle pare à jeun ingère le sang et devient « gorgée ». L'abdomen est alors distendu et les plaques tergales et sternales sont maintenues par la membrane pleurale entièrement dépliée. Au fur et à mesure de la digestion, les ovarioles de la femelle pare évoluent régulièrement du stade II moyen au stade V de Christophers. La détermination des stades de Christophers se fait en disséquant les femelles et en examinant les ovarioles au microscope. La croissance du vitellus a fait l'objet d'analyses mathématiques permettant d'évaluer le temps nécessaire à la maturation ovarienne (Carnevale et al., 1977, 1978). Au cours de la digestion du sang, la femelle devient « semi-gravide » puis « gravide ». Sella (1920) a identifié sept stades physiologiques selon ce degré de réplétion sanguine et du développement ovarien simultané, observés macroscopiquement.

Les analyses mathématiques des croissances du follicule et du vitellus, chez les femelles sauvages et pares, gorgées de nuit sur sujet humains et maintenues en captivité (Carnevale et al., 1978), ont montré que :

- la maturation ovarienne se fait généralement en 35-40 heures ;
- la croissance du follicule et celle du vitellus sont des fonctions puissance du temps écoulé depuis l'ingestion du sang, du degré de remplissage du follicule par le vitellus;
- ce degré de remplissage varie de façon exponentielle avec le délai séparant l'alimentation de l'examen ;

- il existe une relation linéaire entre les rythmes d'accroissement du follicule et du vitellus lorsque le degré de remplissage est compris entre 30 % et 100 %, c'est-à-dire du stade 2 moyen au stade 5.
Ces formules ont démontré que, dans les conditions expérimentales, la vitellogenèse et I'oogenèse des femelles pares se sont déroulées de façon régulière, sans stress physiologique notable.

Au sujet des mouvements d'entrée et de sortie des femelles, Brengues et Coz (1973) ont établi une formule permettant de calculer le pourcentage de femelles sortant des maisons dans les 24 heures suivant le repas. Appliquée aux effectifs d'*Anophe les gambiae* pris de jour, dans les maisons, cette formule indique une sortie en moins de 24 heures de 85,4 % des femelles gorgées la nuit sur sujets humains. Ce résultat appelle deux commentaires :
- l'évolution de la maturation ovarienne montre que cette sortie intéresse essentiellement les femelles avec des follicules aux stades 3 fin voire 4 début. Ceci pourrait expliquer l'allongement de la durée de ces stades (notamment le stade 4) remarquée dans l'analyse mathématique du degré de remplissage;
- ces pourcentages de femelles, à tendance exophile, sont un élément à considérer dans le cadre d'une éventuelle campagne antipalustre par aspersion intradomicilaire.

La courbe théorique reliant le Degré de Remplissage au temps écoulé depuis le repas de sang, ainsi que les dissections immédiates des femelles prises sur hommes montrent, qu'au moment de leur piqûre, les femelles pares d'*Anophelesgambiae* ont généralement des follicules aux stades 2 moyen-2 fin.

Une femelle d'anophèle peut ingérer un volume de sang représentant jusqu'à deux fois son propre poids. *An. diruss.l.* absorberait 1,8 mg de sang (Chomcharin&Harinasuta, 1981), *An. stephensi* 2 µl ; *An. albimanus* 3 µl (Clements, 1992). Le volume de sang ingéré est fonction de l'espèce et de la taille de l'anophèle ainsi que de son âge physiologique, de la composition du sang, de la température ambiante, etc. Le sang humain contient une grande quantité d'eau (80 %) dont une partie (>50%) est expulsée par le moustique pendant l'alimentation (« diurèse ») pour augmenter l'ingestion des protéines (20,5 g/100 ml) qui seront utilisées pour la maturation des follicules ovariens, des lipides (0,65 g/100 ml) et des glucides (0,09 g/100 ml) utilisés pour les réserves énergétiques. Dimond et al. (1956) ont identifié dans le sang les 10 acides aminés nécessaires à la production des œufs. Pendant l'alimentation, certaines espèces d'anophèles excrètent du plasma avec quelques érythrocytes intacts, concentrant ainsi davantage leur bol alimentaire en hématies.

La première phase de la digestion du sang est la lyse des hématies grâce à toute une série de facteurs physiques et chimiques en commençant par les dents de l'armature cibariale : 2 à 4 % des hématies sont lysées par *An. atroparvus* ayant une rangée de dents cibariales, 10 à 20 % chez *An. stephensi* ayant deux rangées de dents (45-50 % chez *Cx. pipiens* ayant une rangée de dents en forme de cuillère et une voûte du cibarium très denticulée). Cette hémolyse « physique » non due à la salive ou aux enzymes de l'estomac participe à la digestion des globules rouges (Coluzzi, 1982). En réponse à l'ingestion du sang, le moustique synthétise et sécrète de nombreuses enzymes protéolytiques et glycolytiques (trypsine, aminopeptidases, carboxypeptidases, α-glucosidases, etc.) (Briegel&Lea, 1975 ; Billingsley, 1990).

Par ailleurs le développement des ovaires est sous la dépendance de la production d'une hormone juvénile par des glandes endocrines (*corporaallata*) situées derrière le cerveau et qui sont stimulées par la distension de l'estomac (Detinova, 1962). D'autres mécanismes doivent intervenir, les glandes des femelles en diapause par exemple ne produisent pas d'hormones même après la prise d'un repas de sang (qui est généralement de moindre quantité) et les ovaires ne se développent pas.

Cette phase 2 est de durée variable, selon les espèces anophéliennes, la nature du sang ingéré, mais surtout les conditions de température et d'humidité relative. Elle doit être précisée pour chaque vecteur de paludisme, dans chaque région. En Afrique subsaharienne, chez les vecteurs majeurs de paludisme comme *An. gambiae, An. funestus*, cette digestion/maturation s'accomplit en quelque 35 à 40 heures aux températures habituelles, mais elle est ralentie si la température diminue ; chez *An. quadrimaculatus,* le temps moyen de digestion est de 60 heures.

Phase 3 : recherche du site de ponte par la femelle gravide

Lorsque le repas est digéré, la femelle gravide cherche un site de ponte adéquat, dépose ses œufs, puis repart à la recherche d'un nouveau repas de sang et le cycle reprend.

La recherche et le choix du site de ponte sont variables selon les espèces et dépendent de plusieurs paramètres, physiques, chimiques, olfactifs, etc. (Pickett &Woodcock, 1996).

La qualité de l'eau est appréciée par les femelles gravides grâce à des chémorécepteurs situés sur les pattes, mais les mécanismes du choix définitif du site de ponte ne sont pas encore connus. En 1945 au Sierra Leone, Muirhead-Thomson a montré qu'*An. gambiaes.s.* et *An. melas* ne pondaient que dans des gîtes dégagés, la présence de broussailles sur le gîte aurait un effet dissuasif ; cette observation, ancienne et toujours d'actualité, explique l'écologie d'*An. gambiae* en zone boisée ou en mosaïque forêt-savane. La ponte a lieu généralement au crépuscule. Une fois cette dernière achevée débute un nouveau cycle.

Les cycles gonotrophiques vont ainsi se dérouler tout au long de la vie de la femelle, rythmés par les disponibilités des hôtes et des gîtes, ainsi que par les conditions de température et d'humidité qui vont influencer sa longévité. La durée du cycle trophogonique est bien connue pour les vecteurs d'Afrique tropicale et varie entre deux et trois jours pour les femelles pares, suivant les espèces et les saisons. Pour les nullipares, il est plus long, jusqu'à cinq jours, du fait de la phase prégravide. La détermination de la durée de ce cycle est capitale pour estimer la longévité. La durée du cycle sporogonique du Plasmodium dans le moustique, supposant que son premier repas de sang est infectant, permet de déterminer l'âge épidémiologiquement dangereux à partir duquel un anophèle est potentiellement vecteur. En combinant la durée du cycle sporogonique à la longévité, on peut estimer l'espérance de vie infectante des femelles et même quantifier les potentialités vectrices des différentes espèces ou populations d'anophèles.

En règle générale, on admet, en conditions naturelles, jusqu'à cinq à huit cycles gonotrophiques chez les vecteurs habituels en Afrique sub-saharienne. Chez les vecteurs majeurs en Afrique sub-saharienne, *An. gambiae, An. arabiensis, An. funestus, An. nili*, le cycle gonotrophique des femelles pares est de l'ordre de 2 à 3 jours (Gillies, 1953 ; Brengues & Coz, 1973 ; Vercruysse, 1983 ; Quiñones Et Al., 1997 ; Carnevale et al., 1979). Une durée comparable a été estimée pour *An. balabacensis* par Hii et al. (1990) en Malaisie après des marquages-lâchers-recaptures de femelles sauvages. La durée du cycle gonotrophique rentre dans le calcul de la probabilité quotidienne de survie 'p' de la population anophélienne considérée (MacDonald, 1957) et permet d'estimer alors sa longévité.

Âge physiologique et longévité

Dans la nature, l'évaluation de la durée de vie des adultes est complexe car de nombreux paramètres interviennent, notamment l'espèce et les conditions écologiques et climatiques générales et locales telles que le degré d'humidité ou la température, l'influence des prédateurs, etc. Dans des conditions d'élevage précises, *An. annularis* survit 17 jours alors qu'*An. subpictus* ne survit qu'une semaine (Mayne, 1930). Dans la nature, on considère que la longévité moyenne est de trois à quatre semaines pour les principaux vecteurs de *Plasmodium* en Afrique sub-saharienne (Gillies, 1961 ; Gillies& Wilkes, 1965), mais elle est très variable selon les espèces. En Europe septentrionale, avec le phénomène d'hibernation, *An. atroparvus* pourrait survivre de six semaines à six mois selon les conditions extérieures (Russell et al., 1944).

La durée de vie des mâles est nettement inférieure à celle des femelles et se limite à quelques jours. L'estimation de la longévité des femelles est la base du calcul du risque de propagation du paludisme (MacDonald, 1957). En effet, seules les femelles ayant une espérance de vie élevée peuvent transmettre les plasmodies puisqu'il faut au moins 10-12 jours pour que s'accomplisse le développement sporogonique complet de *P. falciparum* dans les conditions climatiques habituelles en Afrique (huit jours pour *P. vivax*). De nombreuses techniques ont été développées pour déterminer l'âge physiologique des femelles d'anophèles (Hamon et al., 1961a, 1961b ; Detinova, 1962) et suivre ainsi l'évolution, naturelle ou induite, de la structure en âge des populations (femelles jeunes/femelles âgées).

Parmi les techniques envisagées, on peut citer l'examen :
– des écailles des ailes (Perry, 1912) ;
– des modifications de la taille des ampoules des oviductes (Mer, 1932 ; Polovodova, 1941) ;
– d'hydracariens ectoparasites, davantage présents sur le corps des femelles néonates (Gillet, 1957) ;
– de la présence d'un bouchon de copulation chez les jeunes femelles (Gillies, 1956) ;
– de l'accroissement du nombre de stries sur les apodèmes intrathoraciques (Schlein&Gratz, 1973).

Fécondité

La fécondité varie selon les espèces, l'âge, la saison, etc. Pour *An. gambiae*, le nombre moyen par ponte est de l'ordre de 150 œufs et la fécondité diminue avec l'âge. Pour les femelles hibernantes d'*An. maculipennis*, la fécondité est réduite (pontes de printemps) par rapport aux femelles ayant un cycle normal (pontes d'été). Le nombre total d'œufs pondus par une femelle est essentiellement fonction de sa longévité ; on a pu enregistrer une fécondité de 2.500 œufs pondus par des spécimens d'*An. labranchiae* en 10 pontes, tandis que des estimations de 12 à 13 cycles gonotrophiques ont pu être faites chez des femelles sauvages.

3.3. Éthologie et écologie des adultes

Prélèvement du sang par piqûre

Pour les espèces hématophages, l'alimentation en sang est nécessaire à la ponte. La séquence (repas sanguin, maturation des œufs et ponte) est répétée plusieurs fois au cours de la vie du moustique, et s'appelle le cycle gonotrophique. La durée de ce cycle dépend de l'espèce, mais surtout de la température externe (par exemple, chez *A. gambiae*, le cycle dure 48 heures lorsque la moyenne de température jour/nuit est de 23° C). La piqûre, le plus souvent nocturne (et plus particulièrement à l'aube ou au crépuscule), dure deux à trois secondes si le moustique n'est pas dérangé.

La femelle adulte, pour sa reproduction, pique les animaux pour prélever leur sang, qui contient les protéines nécessaires à la maturation des œufs (notamment le vitellus destiné à nourrir le germe de l'œuf). On la qualifie de femelle anautogène, en opposition aux femelles autogènes (qui peuvent se passer de sang pour la maturation de leurs œufs).

Pendant la piqûre, la femelle injecte de la salive anticoagulante qui, chez l'humain, provoque une réaction allergiqueinflammatoire plus ou moins importante selon les individus : c'est la formation d'un « bouton » qui démange. Lorsque le moustique a terminé le prélèvement, il utilise principalement ses ailes pour décoller, et non

ses pattes comme la plupart des autres insectes : ainsi, le décollage est quasiment imperceptible pour l'individu piqué.
L'être humain n'est pas la principale victime des moustiques, loin de là : plus de la moitié des espèces se nourrissent exclusivement du sang des oiseaux, suivi de celui des rongeurs et des grands mammifères, des reptiles et batraciens. S'agissant des deux derniers animaux, de la catégorie des poïkilothermes, nos expérimentations détaillées au chapitre 6 émettent quelques réserves.

Préférences alimentaires et comportements trophiques

La prise d'un repas de sang est un phénomène essentiel du comportement des anophèles femelles. Logiquement, il y a un lien entre endophilie et anthropophilie, de même qu'entre exophilie et zoophilie. Il est évident que plus un moustique est anthropophile, plus sa capacité vectorielle augmente, puisque c'est au moment de la piqûre que peut se faire: le passage du parasite de l'hôte infecté porteur de gamétocytes au vecteur ; l'inoculation du parasite du vecteur à l'hôte.

Encadré 3. Vocabulaire relatif à la prise d'un repas de sang.

Le comportement de l'anophèle vis-à-vis des sujets humains est caractérisé par trois couples de termes : selon le choix de l'hôte, homme ou animal, sur lequel est pris le repas de sang, la femelle est dite « anthropophile » ou « zoophile » (puisqu'il s'agit bien de prise alimentaire, il serait plus logique d'utiliser « anthropophage » et « zoophage », mais ces termes ne sont pas consacrés par l'usage) ; selon le lieu de l'alimentation, la femelle est dite «endophage» si le repas est pris à l'intérieur des maisons, « exophage » s'il est pris à l'extérieur ; selon le comportement après le repas de sang (phase post-prandiale), la femelle est dite « endophile » si elle reste dans la maison au cours de la deuxième phase du cycle ou « exophile » si elle en sort rapidement.

Dans le paludisme humain, la compétence vectorielle d'une espèce culicidienne dépend essentiellement de sa longévité et de son comportement trophique. Les préférences trophiques des moustiques, et des anophèles en particulier, ont fait l'objet de nombreuses études en Afrique (Bruce-Chwatt et al., 1960, 1966 ; Hamon et al., 1964 ; Hamon et al., 1965; Chandler et al, 1975 ; Carnevale &Boreham, 1978 ; Snow, 1983 ; Beier et al, 1988 ; Gordon et al, 1991 ; Sharp & Le Sueur, 1991 ; Mnzava et al, 1995 ; Lemasson et al, 1997).
Les premières étaient basées sur l'observation directe, l'attractivité d'hôtes potentiels utilisés comme appâts ou l'examen cytologique du repas sanguin. L'étude de l'indice d'anthropophilie s'est développée avec le test des précipitines (Schubert &Holdeman, 1956 ; Tempelis&Lofy, 1963). Cet outil sérologique permettait de préciser l'origine des repas de sang des arthropodes hématophages.
Actuellement, la technique ELISA (Enzyme LinkedImmunosorbentAssay), du fait de sa plus grande sensibilité, reste la plus employée à cet effet (Beier et al., 1988). Les études entomologiques réalisées dans les différentes régions du Sénégal ont révélé l'hétérogénéité du comportement trophique des vecteurs de paludisme selon les zones bioclimatiques (Vercruysse&Jancloes, 1981 ; Vercruysse, 1985 ; Petrarca et al., 1987 ; Konaté et al, 1994 ; Konaté et al, 1994b ; Faye et al., 1993 ; Faye et al., 1994 ; Faye et al, 1995).

Les comportements des femelles à la recherche d'un hôte sont souvent caractéristiques de l'espèce culicidienne, ils sont sous le contrôle de facteurs exogènes (disponibilité des hôtes, configuration du biotope, conditions climatiques, etc.) et endogènes (préférences trophiques, état physiologique, etc.). Dans la nature, ces comportements sont rarement univoques au sein d'une population anophélienne ; la disponibilité de l'hôte doit aussi être prise en considération, au-delà de la préférence trophique du moustique (Killeen et al., 2001). Sharp et Le Sueur(1991) ont noté chez *An. arabiensis* une déviation trophique, de l'homme vers le bétail, dans les zones où les maisons ont été traitées avec des insecticides.

Encadré 4. Inégalité des hommes face aux piqûres de moustiques.

Il est d'observation courante que certaines personnes sont plus attractives, et plus piquées par les moustiques, que d'autres. Il a été démontré, par exemple, que les enfants sont moins piqués que les adultes par *An. gambiae* (Muirhead-Thomson, 1951 ; Boreham et al., 1978 ; Carnevale et al., 1978 ; Port et al., 1980) ; dans ce cas, la surface corporelle étant liée à l'âge, c'est probablement de simples considérations de surfaces accessibles aux piqûres qui sont à mettre en avant pour expliquer cette attractivité différentielle. Mais à âge et taille équivalents, l'attractivité est variable. L'étude du comportement de *Culex quinquefasciatus* dans la région de Pondicherry a montré que > 55 % des piqûres étaient reçues par < 20 % de la population humaine (Michael et al., 2001). Dans ces conditions les modèles doivent intégrer, dans les calculs du taux de reproduction et de la prévalence de l'infection, une distribution non aléatoire et non homogène des piqûres (Dye&Hasibeder, 1986 ; Burkot, 1988 ; Killeen et al., 2001). Il apparaît alors que les taux de reproduction, et la capacité vectorielle, sont supérieurs à ceux obtenus en considérant une distribution homogène (Dye&Hasideber, 1985). L'analyse des résultats du projet Garki (Nord-Nigeria) montre ainsi qu'une sélection de l'hôte par *An. funestus* pourrait augmenter de 25 % le taux de reproduction du paludisme par rapport à une situation de répartition homogène des piqûres.

Pour Gibson (1996), les comportements trophiques d'*An. gambiaes.l.* auraient un support génétique, mais la base physiologique des corrélations observées entre certains caryotypes et les préférences alimentaires n'a pas encore été élucidée. Il semblerait que cette préférence vis-à-vis de certains hôtes soit liée à des différences dans la réponse à leurs stimuli olfactifs spécifiques et au dégagement en CO_2.

Hii (1985) et Hii& al. (1991) ont noté de la variabilité génétique chez *An. balabencensis* qui pourrait expliquer une tendance à l'anthropophilie et l'endophilie.

La localisation de l'hôte par le moustique se fait à plusieurs niveaux :
– à longue distance, ce sont essentiellement les courants de convection provoqués par la respiration, puis les stimuli olfactifs perçus par les chémorécepteurs situés sur les antennes qui interviendraient (Meijerink& Van Loon, 1999 ; Van Den Broek & Den Otter, 2000) ;
– à courte distance, les facteurs visuels interviendraient davantage (taille, mouvements de l'hôte...).

Encadré 5. Séquence d'un vol en quête d'un repas de sang.
De façon générale, on admet que le comportement de la femelle à la recherche de l'hôte comprend trois phases incluses dans un continuum (Lehane, 1991) : vol au hasard (appetitivesearching) pour entrer en contact avec un stimulus émanant de l'hôte ; vol orienté (activation et orientation) vers l'hôte dès la perception du stimulus qui peut être d'origine variée (mais surtout d'ordre olfactif) et dont l'intensité augmente en se rapprochant de l'hôte ; vol attiré (attraction) lié à l'attractivité de l'hôte, lorsque le moustique arrive au proche contact et décide de se poser (landing), et piquer ou non l'hôte.

Parmi les facteurs les plus significatifs, ou les plus originaux, on peut citer :
– l'attractivité qui serait exercée par l'odeur des pieds (De Jong &Knols, 1995a) qui correspond à s'y méprendre, selon Knols (1996), à celle du fromage hollandais Limburger ;
– l'importance de la microflore épidermique dans la production d'odeurs attractives pour les anophèles (Braks et al., 1999). Le CO_2 est un puissant facteur attractif (Gillies, 1980 ; Healy & Copland, 1995 ; Costantini et al., 1996 ; Takken et al., 1997) qui participe à l'activation des anophèles. Il est normalement présent dans l'atmosphère à 0,03-0,05 % ; au niveau de l'hôte, il est secrété par la

peau et est présent dans le souffle expiré par la respiration (Khan &Maibach, 1972) qui contient 4,5 % de CO_2. Son dégagement est senti par le moustique, à distance variable selon le sens du vent. Knols et al. (1994a) ont récemment confirmé cette attractivité du CO_2 à 4,5 % sur *An. gambiae*. Les moustiques sont sensibles aux changements de concentration en CO_2 ; chez *Aedes aegypti*, des variations de l'ordre de 0,05 % induisent des réactions (Mayer & James, 1969) et des changements de 0,01 % sont perceptibles par les récepteurs des palpes (Kellogs, 1970). Le CO_2 active le vol et oriente l'insecte vers la source d'émission. Mais, selon Costantini et al. (2001), il ne représente que 50 % de l'attractivité des sujets humains pour *An. gambiae*. L'acide lactique est également un bon stimulus (Acree et al., 1968 ; Smith et al., 1970), mais seulement si du CO_2 est aussi présent. D'autres composants de la respiration présents dans l'expiration interviennent en synergie avec le CO_2 en excitant des récepteurs antennaires différents. Certains composants volatils de la sueur sont attractifs pour *An. gambiae* (Cork & Park, 1996 ; Braks&Takken, 1999 ; Meijerink et al., 2001). En laboratoire, avec un système d'électroantennogrammes « EAG », puis sur le terrain avec des pièges particuliers « OBET », Costantini et al. (2001) ont démontré que deux composants majeurs de la sueur humaine, l'acide (E/Z)-3-méthyl-2-hexénoique et l'acide 7-octonéique, sont particulièrement attractifs à courte distance pour *An. gambiae*.

Par ailleurs, Shirai et al. (2002b) ont montré expérimentalement qu'*Aedes albopictus* piquait davantage les sujets ayant bu de la bière sans que cela puisse être définitivement attribué à une augmentation de température de l'épiderme ou de dégagement de CO_2 ou de présence d'éthanol dans la sueur.

La vision intervient également dans l'activation et l'orientation (Allan, 1994). Selon Bidlingmayer (1994), les moustiques perçoivent certains objets à une distance de l'ordre de 5 à 20 m. Leurs yeux permettraient de distinguer des variations de forme et d'intensité lumineuse, notamment le contraste (pour les insectes hématophages nocturnes).

Les moustiques sont sensibles aux UV et à certaines couleurs (bleu, vert), ils sont attirés surtout par le bleu, le rouge, le noir et repoussés par le blanc ou le jaune (Lehane, 1991 ; Gouagna& Robert, 1993). L'approche de l'hôte se fait ainsi en combinant différents paramètres notamment la perception, la détection et la réaction de l'hôte.

La prise d'un repas de sang est indissociable de la piqûre, elle-même complexe, qui peut être divisée en quatre phases (Encadré 6).

> Encadré 6. La piqûre proprement dite.
>
> La piqûre comprend 4 phases (Clements, 1992) :
> *l'exploration : entre le moment où la femelle se pose sur la peau et le moment où les stylets commencent à entrer dans la peau ;
> *le sondage (probing) : de la pénétration des stylets à l'apparition du sang dans les stylets ;
> *l'ingestion (feeding) : de la première apparition du sang à l'arrêt du gorgement ;
> *le retrait : du raidissement des pattes antérieures et la reprise de la mobilité des palpes au retrait complet des fascicules.

La diversité des situations est, pour une large part, déterminée par le niveau d'anthropophilie des vecteurs, traduisant leurs contacts avec les humains, sujets infectants ou susceptibles d'être infectés. Les spécificités locales, inéluctables aux études de transmission palustre, rendent difficiles les comparaisons inter- et intra-zonales. Ces dernières restent cependant nécessaires. En effet, l'étude du comportement trophique des vecteurs n'a d'intérêt que pour comparer différentes situations afin d'en tirer des informations épidémiologiques utiles.

L'étude résumée ci-dessous présente une analyse des différentes observations sur le comportement trophique d'*Anophelesgambiaes.l.*, d'*An. funestus* (vecteurs majeurs de paludisme au Sénégal) et d'espèces associées (*An. pharoensis, An. rufipes*).

ANOPHELES GAMBIAE S.L.

Tropisme et indice d'anthropophilie

Au Sénégal, la transmission du paludisme est exclusivement (Vercruysse&Jancloes, 1981 ; Vercruysse, 1985 ; Petrarca et al., 1987; Faye, 1997; Faye et al., 1993, 1994 ; 1995a, 1995b, 1995c ; Konaté et al., 1994b ; Robert et al., 1997 ; Mbaye, 1997) ou en grande partie (Konaté et al., 1994 ; Fontenille et al., 1997) assurée par les espèces du complexe *An. gambiae*.

L'étude de l'indice d'anthropohilie (IA) des femelles d'*An. gambiaes.l.*, montre qu'elles se nourrissent largement sur homme dans toutes les localités prospectées, excepté dans la moyenne vallée du fleuve Sénégal (zone sahélienne).
Cette observation peut s'expliquer en partie par un biais d'échantillonnage. En effet dans les études sur la dynamique de transmission palustre, la récolte de faune anophélienne endophile (faune résiduelle dans les chambres) est préférentiellement ciblée. Même si on note davantage de moustiques gorgés sur homme dans les chambres à coucher et une majorité de femelles nourries sur bétail dans les étables, débarras et abris annexes, une faible proportion de repas hétérologues est toujours retrouvée (Hamon et al, 1964; Konaté et al, 1994).

Zone sahélienne

Les moyenne et basse vallées et le delta du fleuve Sénégal sont situés dans les zones sahélienne (située au dessus de l'isohyète 200 mm) et soudano-sahélienne (entre 200 et 400 mm). Depuis la mise en service du barrage de Diama dans le delta, de nombreux périmètres irrigués villageois ont été réalisés dans la moyenne et basse vallée et le delta. De ce fait, la riziculture est devenue la principale activité agricole dans la région, avec, comme conséquence majeure, une multiplication des gîtes pré-imaginaux et un allongement de la période de production anophélienne dans les zones d'aménagement hydro-agricole.

Zone soudanienne

La zone soudanienne est située entre les isohyètes 400 mm et 800 mm (soudano-guinéenne entre 800 et 1000 mm). Dans la presqu'île du Cap-Vert, les IA enregistrés en milieu urbain (Dakar et Pikine) sont plus élevés que ceux enregistrés en milieu rural, dans deux petits villages de la zone des Niayes (Thiaye et Gajaga). L'IA moyen d'*An. gambiaes.l.* a été significativement plus faible dans les régions du Sine (Niakhar) et du Saloum (Dielmo) que dans les villages côtiers de l'estuaire du Saloum (Jifere, Palmarin, Jilore, Simal et Marlothie) où il a varié en fonction de la localité de collecte des femelles comme l'avaient rapporté Bruce- Chwatt et al. (1960).

Zone guinéenne

Dans cette zone située en dessous de l'isohyète 1000 mm, seules des localités du littoral ont été prospectées. Il a été constaté que l'IA des femelles d'*An. gambiaes.l.* récoltées dans les villages proches (Affiniam, Tendimane et Jagobel) et éloignés (Takeme et Ousseuk) de la mangrove ont été comparables (Faye et al, 1994).

Tropisme animal et zoophagie

Parmi les 4581 repas sanguins de femelles d'*An. gambiae s.1.* analysés, 22 % (1011) avaient été prélevés sur animal. L'identification des repas animaux a montré que 977 étaient pris sur un hôte unique et que 339 étaient des repas mixtes animal/homme ou animal/animal (parmi ces derniers, trois repas avaient été pris sur trois hôtes différents). Les repas mixtes contenant du sang humain prédominaient dans toutes les localités. Pour les repas provenant de deux espèces animales distinctes, les associations équin/ovin, bovin/ovin et équin/bovin étaient les plus fréquentes.

Zone d'élevage

En milieu rural du Sénégal, l'élevage est en général de type traditionnel et son importance est variable selon les ethnies, les localités et les zones géographiques. De façon générale, les régions du centre (Ferio) et du sud-est (Boundou) sont de grandes zones d'élevage. Lorsque les différents animaux domestiques présentent des conditions d'accessibilité similaires (parcage dans des enclos à proximité immédiate des habitations), les bovins constituent les hôtes animaux de premier choix pour les femelles zoophages d'*An. gambiaes.l.*

Zone d'agriculture pluviale

Les régions de l'ouest du Sénégal et tout le bassin arachidier sont principalement agricoles. Cependant, les villages de ces régions possèdent parfois un cheptel restreint constitué principalement de petits ruminants (ovins et caprins). En l'absence de bovins, ce sont plus fréquemment les équidés et dans une moindre mesure les ovins-caprins qui constituent les sources de repas sanguins des femelles zoophages d'*An. gambiaes.l.* Dans les localités de l'estuaire du Saloum (villages de pêcheurs et d'agriculteurs), les équidés ont été les principaux hôtes pour ces dernières.

Zone de riziculture irriguée

Dans la vallée du fleuve Sénégal (Faye et al, 1993; Mbaye, 1997), la zoophagie des femelles d'*An. gambiaes.l.* est en moyenne plus élevée en milieu de riziculture qu'en zone de culture pluviale.

Dans les villages de riziculture du delta, les repas animaux provenaient exclusivement de petits ruminants (ovins et caprins) qui, par ailleurs, ont été les seuls hôtes associés dans les repas mixtes.

DÉVIATION TROPHIQUE

Inaccessibilité des hôtes

Le comportement trophique des femelles d'anophèles a été surtout fonction de la disponibilité des hôtes humain et/ou animal. Dans la moyenne vallée du fleuve Sénégal, une forte déviation animale d'*An. gambiaes.l.* avait été notée par Vercruysse (1985). Cette observation a été confirmée par Faye et al. (1993) et s'explique par l'usage généralisé des moustiquaires et la présence de nombreux animaux domestiques qui, en lieu et place des hommes inaccessibles, servent de principaux hôtes aux anophèles. A l'inverse, la faiblesse des densités anophéliennes, l'absence d'animaux ou le très fort ratio homme/animal et la faible dispersion des femelles, expliquent le fait que l'homme soit l'hôte exclusif d'*An. gambiaes.l.* en milieu urbain de Dakar (Konaté et al, 1994) et de Pikine (Vercruysse&Jancloes, 1981 ; Trape et al., 1992).

Mobilité animale et déviation trophique

En zone d'élevage (région du Ferlo et du Boundou en particulier), le cheptel bovin est disséminé dans l'espace rural pendant la saison des pluies. En saison sèche, les animaux sont regroupés autour des villages où se trouvent les points d'eau. Ces mouvements saisonniers du bétail sont à l'origine de la variation saisonnière des proportions des différents types de repas sanguins. Ainsi, à Wassadou (Faye et al., 1995), l'IA d'*An. gambiaes.l.* est très élevé pendant la saison des pluies lorsque les bovins sont partis pâturer dans des zones éloignées des habitations. Pendant la saison sèche où les animaux sont ramenés vers les villages, l'IA des femelles est significativement plus faible.

Zoophagie des espèces du complexe *An. gambiae*

Les caractères morphologiques (Gilies& De Meillon, 1968) ne permettent pas d'identifier des espèces anophéliennes appartenant à un complexe. Dans le cas d'*An. gambiaes.l.*, l'emploi de la méthode cytogénétique (Coluzzi et al, 1979; Vercruysse, 1985) et/ou de la PCR (Faye et ai, 1993) a montré que la distribution et les proportions des différentes espèces sont variables selon les zones géographiques.

Les variations saisonnières et annuelles de la proportion d'*An. gambiaes.s.* et d'*An. arabiensis* ont été bien étudiées dans les villages de Dielmo (Fontenille étal, 1997), Ndiop (Fontenille et al, 1997) et Barkedji (Lemasson étal, 1997). Ces études, ainsi que celle de Diatta et al. (1998) ont montré que lorsqu'ils étaient capturés au même moment, à la même place et par la même méthode d'échantillonnage, *An. gambiae* et *An. arabiensis* présentent un comportement trophique similaire. En effet, l'indice d'anthropophilie, la proportion de repas mixtes ainsi que celle des femelles gorgées sur bétail ont été comparables aussi bien à Ndiop (Fontenille et ai, 1997b), Barkedji (Lemasson et al, 1997) qu'à Dielmo (Diatta et al., 1998).

Avec une valeur de 0,79 à Palmarin et 0,93 à Jifere (Diop, 1998), l'IA des femelles endophiles d'*An. mêlas* est très élevé en région de mangrove, il est comparable à celui d'*An. gambiae* (1,0) et d'*An. arabiensis*. (0,80). L'absence de tout bétail dans ces villages, habités exclusivement par des pêcheurs, serait à l'origine de ce comportement opportuniste par une espèce dont la forte tendance zoophile est reconnue (Giglioli, 1964; Bryan, 1979; Snow, 1983).

ANOPHELES FUNESTUS

An. funestus est avec *An. gambiae* et *An. arabiensis* à un moindre degré (indice sporozoïtique habituellement plus bas que celui d'*An. gambiae* et d'*An. funestus*) l'un des trois vecteurs majeurs de paludisme au Sénégal et en Afrique. Très anthropophile (White, 1971; White et al, 1972), *An. funestus* est devenu très rare dans la moitié nord du Sénégal, en raison de la destruction de ses gîtes larvaires par une sécheresse persistante (Faye et al, 1995). Dans la partie sud du Sénégal, les femelles récoltées en faune résiduelle dans les habitations de Dielmo s'étaient nourries préférentiellement sur homme (Konaté et al, 1994a). Dans ce village, les femelles d'*An. funestus* ont été significativement moins zoophages que celles d'*An. gambiaes.l.* Le bovin a été la source de 5 % des 144 repas d'*An. funestus* analysés (Konaté et al, 1994) et il a été noté une très faible proportion de femelles zoophages nourries sur ovins-caprins.

ANOPHELES PHAROENSIS

An. pharoensis est prédominant dans les zones d'aménagement hydro-agricoles (riziculture) du delta du fleuve Sénégal. Dans les localités prospectées, 86 % des 544 repas sanguins analysés étaient pris sur homme (Faye étal, 1993; Faye et al, 1995c). Ces résultats confirment les observations de Carrara et al. (1990) malgré des méthodes d'échantillonnage différentes. Les ovins/caprins ont été la source du repas sanguin chez 10,5 % des femelles zoophages, contre 3 % pour les bovins (16 repas) qui sont rares dans les villages prospectés (villages d'agriculteurs). De même, les équins (deux repas) ne constituent pas un hôte de choix pour les femelles zoophages d'*An. pharoensis.* A l'instar d'*An. gambiaes.l.*, la zoophagie a été significativement plus faible en zone de cultures pluviales (en marge de la vallée) qu'en zone de riziculture irriguée. Les repas mixtes représentent 4 % du total des repas analysés et dans la moitié des cas (12/24), l'homme était l'un des hôtes associés.

ANOPHELES RUFIPES

L'analyse des 161 repas sanguins de femelles récoltées à Thiaye, Gajaga, Dielmo, Wassadou et DiomandouDieri, a révélé une zoophagie exclusive d'*An. rufipes* qui a été abondant dans les récoltes de la faune résiduelle endophile et quasi absent des captures nocturnes sur appâts humains (Hamon et al, 1965; Konaté et al, 1994a; Faye et al, 1995b). Ces observations révèlent bien la stricte zoophilie des femelles de cette espèce. Le grand cheptel, dont principalement les bovins, reste la source principale des repas sanguins pour cette espèce. Après les bovins, les femelles d'*An. rufipes* se nourrissent préférentiellement sur les équins.

Au niveau des préférences trophiques des anophèles et des facteurs qui les attirent, ou les repoussent, et des comportements particuliers des spécimens infectés, il y a encore tout un champ de recherches à mener, au laboratoire et sur le terrain, aux niveaux physiologiques et épidémiologiques(Maibach et al., 1966 ; Dye&Hasibeder, 1985). Ces travaux acquièrent une nouvelle dimension grâce aux techniques de biologie moléculaire adaptées à l'entomologie (Arca et al., 1999a, 1999b ; Ansell et al., 2000 ; Collins et al., 2000).

Techniques de chasse chez la femelle

Le magazine *Science et Vie* fait les observations suivantes :

1. Rôle du phototactisme

Tous les moustiques (larves et adultes) sont dotés d'yeux et peuvent s'orienter selon la lumière et sous une faible lumière. Tous les moustiques à jeun présentent un phototactisme à une faible lumière.
La femelle en recherche de sang perd provisoirement cette sensibilité à la lumière pour devenir principalement sensible aux odeurs émises par sa cible. Une fois gorgée de sang elle retrouve sa compétence de phototactisme, qui lui permet notamment de quitter la chambre, l'étable ou la grotte où elle a piqué son hôte.

Certaines espèces ont une rétine très photosensible et peuvent immédiatement après leur repas s'orienter vers la lumière ambiante extérieure d'un ciel étoilé ou illuminé par la lune (cas fréquent en zone tropicale selon Muirhead-Thomson, 1951). Les femelles d'autres espèces (ex : *A hyrcanus, A. bifurcatus* et beaucoup d'autres) ne seront dans les mêmes circonstances (après le repas de sang) attirées que par la lumière du soleil levant pour gagner un refuge diurne (fissure de roches, anfractuosité du sol, végétation touffue…), ce qui explique qu'on ne retrouve que très rarement le matin les femelles qui se sont gorgées de sang. Les espèces présentant ce comportement sont typiquement exophiles (dans ce cas les femelles n'hibernent jamais dans les maisons), par exemple *A. hyrcanus*). Les femelles de quelques espèces ne retrouvent que lentement leur phototactisme et finissent leur digestion dans la maison, tant qu'on ne les fait pas fuir (*A. maculipennis, A. superpictus, A. gambiae*) ou d'autres espèces très endophiles.

Le jour, certaines espèces de moustiques sont également attirées par l'obscurité. Les femelles sont immédiatement attirées par ces sources alors qu'elles sont répulsives pour les mâles. Il peut aussi arriver que des femelles venant de se gorger de sang à l'extérieur d'une maison, l'utilisent pour se protéger de la lumière le jour suivant (jusqu'à la fin de la digestion du sang, avant qu'elle ne s'apprête à chercher un lieu de ponte) ; c'est assez fréquent chez *A. M. sacharovi*, *A. pulcherrimus* et *A. superpictus*.

2. Rôle du chimiotactisme

Tout comme la tique, le moustique repère sa cible grâce à son odorat : celui-ci, au cours d'un déplacement d'au plus 2 km, leur révèle d'abord des traces de dioxyde de carbone (émis par la respiration et la transpiration) jusqu'à 30 m, puis d'acides gras comme l'acide butyrique ou l'acide lactique, de 4 méthyl phénol et de substances aux relents ammoniaqués, émis par la sudation de la peau et sa dégradation par la microflore de la peau. Des thermorécepteurs permettront ensuite à la femelle de trouver la veinule où piquer. Le système visuel est sensible à la lumière, aux mouvements et aux couleurs mais il est peu performant, et n'interviendrait qu'à moins de 1,5 m). Ce n'est pas la lumière mais l'odeur qui attire les femelles piqueuses.

Les espèces anthropophiles sont spécialement sensibles aux kairomones comme l'acide lactique ou le sébum, ou aux nombreuses odeurs comme l'ammoniac, l'acide lactique, l'aminobutane) émises par la sueur ou l'haleine, l'odeur propre de la peau, l'urine, les vapeurs d'alcool ou de parfum et bien d'autres encore (par exemple l'odeur d'une personne ayant consommé de la bière ou du fromage). Les moustiques sont également sensibles à la chaleur (15 à 30° C) et l'humidité (en pratique plutôt l'été et par temps orageux, donc), et seront plus attirés par une personne avec une température élevée. Les substances attractives ou répulsives peuvent varier d'une espèce à l'autre. Les moustiques sont encore sensibles à de nombreux autres paramètres (par exemple, la hauteur à laquelle l'odeur est perçue, dans le cas d'*An. gambiae*, qui vole au ras du sol et pique de préférence les pieds et les chevilles). Les croyances que les moustiques sont sensibles à la quantité de sucre dans le sang et qu'il faut éteindre la lumière pour ne pas attirer les moustiques femelles ne sont pas fondées.

Cycles d'agressivité

La notion de cycle d'agressivité s'entend du point de vue de l'hôte, et principalement de l'hôte humain. Elle correspond à la prise de repas de sang, transition entre les phases 1 et 2 du cycle gonotrophique. L'étude de l'agressivité des anophèles permet de préciser les lieux et périodes de risques maximaux de transmission afin d'adapter des pratiques individuelles de prévention, et de planifier des opérations de lutte, adaptées aux comportements du (des) vecteur(s) considéré(s). Ces comportements sont très variables, selon les espèces anophéliennes et leur âge physiologique.

Selon l'opinion générale, confirmée par de nombreuses observations, l'activité des anophèles se manifeste principalement au crépuscule, la tombée de la nuit étant le moment où leurs piqûres se font le plus fréquentes. Mais ce n'est point le cas pour *A. gambiae*; plusieurs auteurs, sur la foi de recherches précises, l'ont classé dans la catégorie des anophèles à activité principalement nocturne.

Des recherches ont montré qu'à Kisumu (Kenya), l'entrée des *A. gambiae* dans les cases s'effectuait tôt le matin, entre 5 et 6 heures, et qu'en Afrique du Sud l'anophèle piquait la nuit, en se posant rarement sur les murs, puis sortait des maisons après s'être nourri. Une autre recherche, au Nigeria, a établi, par des captures régulières, que l'activité, essentiellement nocturne, montrait un plus haut degré d'intensité entre 2 et 4 heures du matin, fait confirmé au Brésil (Soper& Wilson).
Hancock & Charley (cités par Hopkins,) notaient de leur côté, à Lira (Ouganda), que la pointe d'activité s'établissait entre 4 heures et le lever du soleil.

Reprenant les observations de Garnham à Kisumu, Haddow analysait de façon plus précise le cycle d'activité nocturne d'*A. gambiae* et montrait qu'il se décomposait en deux périodes: faible activité de 20 heures à 22 heures, et activité intense de 23 heures à 5 heures, avec une petite pointe à 6 heures. L'auteur trouvait, en outre, une population importante d'*A. gambiae* au repos à 7 heures. Muirhead-Thomson confirmait ce cycle en signalant qu'à Lagos, peu de femelles se nourrissent avant 22 heures, 90% des repas de sang ayant lieu après minuit, avec une pointe marquée de l'activité une ou deux heures avant l'aurore, pointe suivie du départ de la plupart des *A. gambiae* avant le lever du soleil.

Peu de chiffres précis, basés sur des captures régulières au cours de la nuit, ont été donnés pour éclairer de façon satisfaisante l'activité nocturne d'*A. gambiae* dans les cases d'habitation.

Si les observations relatives au cycle d'entrée dans les habitations sont peu nombreuses et relativement imprécises, il n'en est pas de même des observations faites dans la nature et concernant ce que les auteurs britanniques appellent le « biting cycle » (cycle d'agressivité) d'*A. gambiae*. Ce terme est assez ambigu, car il représente, en réalité, la fréquence horaire des femelles d'*A. gambiae* (ou de tout autre moustique) pénétrant dans un piège donné, que celui-ci soit ou non occupé par un homme ou un animal. Il nous paraît donc préférable d'adopter, pour les observations dans les cases d'habitation ou dans des pièges installés dans la nature, l'expression «cycle d'activité nocturne».

Haddow, d'après les captures effectuées en forêt et dans des plantations, dans la forêt de la Semliki (Comté de Bwamba, Ouganda), a montré que l'activité d'*A. gambiae* passait par un maximum entre 20 heures et 4 heures pour décroître ensuite rapidement. Cet auteur a également signalé que l'activité variait dans le même sens que l'humidité relative, et en sens inverse de la température et du défaut de saturation de l'atmosphère.

Avec Gillett&Highton, Haddow précisait cette fréquence horaire d'*An. gambiae*, dans la région de Mongiro et Mamirimiri (forêt de la Semliki), grâce à des captures pratiquées d'heure en heure. Il confirmait ainsi les données précédentes montrant l'accroissement de l'activité au cours de la nuit jusqu'à 4 ·heures, et prouvait que cet accroissement présentait un maximum entre 2 heures et 4 heures, suivi d'une chute brusque.

Les chiffres donnés par Mattingly montrent que l'activité d'*An. gambiae* commence à se développer surtout à partir de 22 heures et présente un maximum entre 2 et 6 heures.

Si l'on examine les résultats donnés par les différents auteurs ayant étudié le cycle d'activité d'*An. gambiae*, on peut remarquer qu'ils sont, en général, comparables: l'activité nocturne d'*An. gambiae* se manifeste entre 18 heures et 20 heures, pour croître au cours de la nuit, atteindre son maximum une ou deux heures avant le lever du soleil, et décroître rapidement ensuite.

Certains résultats sont différents de ceux observés précédemment, en ce que le maximum d'activité se situe entre 23 heures et 1 heure au lieu de se manifester généralement plus tard après minuit. Nous ne pensons pas que des différences microclimatiques d'humidité ou de température soient en jeu dans l'explication de ces divergences, car des observations précises, faites dans des conditions extrêmement diverses d'humidité relative et de température, concordent entre elles.

Il faut donc penser qu'un ou des facteurs encore inconnus interviennent pour modifier, des régions de savane aux régions forestières et aux régions côtières, de l'Afrique occidentale à l'Afrique orientale, le cycle d'activité d'*A. gambiae*.
La température ne peut être envisagée que comme un facteur capable d'inhiber l'activité nocturne, ainsi que l'a constaté De Meillon dans le Sud-ouest Africain. Quant à la diminution de l'intensité lumineuse, son action paraît à peu près identique sur le début du cycle au Burkina Faso, en Ouganda ou au Nigeria, comme l'ont, par ailleurs, observé plusieurs auteurs chez les anophèles du Nouveau Monde, *An. quadrimaculatus* en particulier.

Tout récemment, Bernet a signalé qu'*An. gambiae*, en Afrique Occidentale Française, montrait son agressivité particulièrement à 21 h 30 et que, dans l'île de Gorée, son activité commençait dès 19 heures. Mais l'imprécision des observations - et l'absence de chiffres de captures régulières - les rend inutilisables.

Le cycle d'agressivité peut être variable selon les sites et les saisons. Les pics d'agressivité des vecteurs peuvent être très variables d'une région à l'autre, voire d'un village à l'autre. Par exemple, *An. minimus* pique préférentiellement de 21 h à 22 h en Thaïlande et au Cambodge, alors que son agressivité s'étend de 22

h à 03 h au Laos et Vietnam et peut également présenter 2 pics, un au coucher du soleil et l'autre avant le lever du soleil en Thaïlande (Garros et al., 2006). En Inde, Gunasekaran et al. (1994) ont noté que l'agressivité d'*An. fluviatilis* diffère selon les villages du même district, de sorte que les risques de transmission sont également différents selon les zones.
De plus, le pic de piqûres est plus précoce dans la nuit au cours de la saison froide. Au Congo, *An. nili* présente, dans le même village, des cycles d'agressivité variables selon les saisons (Carnevale, 1974).

Etude du cycle d'agressivité en laboratoire

Il nous a semblé intéressant de vérifier si le cycle de la pénétration d'*An. gambiae* dans les habitations pouvait être comparé au cycle d'agressivité en laboratoire. Dans ce but, nous avons noté le nombre de femelles d'élevage, tenues à jeun depuis 48 heures, qui venaient piquer un bras humain qui leur était présenté toutes les deux heures, les femelles gorgées étant isolées des autres sitôt après le repas de sang.

Dans leur ensemble, ces résultats sont comparables à ceux des captures dans les cases indigènes. Il y a lieu de noter, cependant, que l'agressivité en laboratoire passe par trois pointes très nettes : de 19 heures à 21 heures, de 23 heures à 1 heure, de 3 heures à 5 heures.
Par ailleurs, on ne retrouve pas, en laboratoire, la période d'activité s'étendant de 1 heure à 5 heures; la pointe entre 3 et 5 heures est précédée d'une période d'inactivité.

CHAPITRE 2. NOTIONS DE CHALEUR ET DE BIO-THERMIE

2.1. La chaleur

2.1.1. Présentation

La chaleur, en physique, est une forme d'énergie échangée entre deux corps. Ce transfert s'effectue sous forme d'énergie mécanique microscopique, correspondant au degré d'agitation des molécules. Ainsi, lorsqu'un corps reçoit de la chaleur, l'agitation de ses molécules a tendance à s'intensifier, ce qui se traduit la plupart du temps par une augmentation de la température de ce corps. Cependant, un apport de chaleur peut également provoquer un changement d'état : si on chauffe un glaçon, il fond progressivement tout en restant à 0 °C. Entre deux corps, la chaleur se propage spontanément du corps ayant la température la plus élevée vers celui ayant la température la plus basse, élevant donc généralement la température de ce dernier, tout en abaissant la température du premier. La chaleur ne se propage d'un corps froid vers un corps chaud qu'à condition de fournir un travail.

La bio-thermie s'applique aux manifestations de chaleur, avec des variations de température, qui se déroulent dans un organisme vivant.

2.1.2. Unités de chaleur.

En physique, la chaleur s'exprime en joules (symbole J) puisque c'est une forme d'énergie, tout comme le travail. Toutefois, on utilise également la calorie (symbole Ca), définie comme étant la quantité de chaleur nécessaire pour élever de 1 °C la température de 1 g d'eau à 15 °C sous une pression de 1 atm. On a l'équivalence 1 Ca = 4,1855 J.

2.1.3. Chaleur latente.

Une variation de la température d'un corps entraîne certains changements de ses propriétés physiques. Ainsi, presque tous les corps se dilatent lorsqu'ils sont chauffés et se contractent en se refroidissant (la glace constitue néanmoins une exception de taille). Lorsque l'on chauffe suffisamment un corps, on peut lui faire subir un changement d'état. Il peut ainsi passer de l'état solide à l'état liquide (fusion), de l'état liquide à l'état gazeux (vaporisation), ou encore directement de l'état solide à l'état gazeux (sublimation). Ces processus ont toujours lieu à la même température pour un corps donné et à pression fixée. On appelle chaleur latente la quantité de chaleur requise pour réaliser l'un de ces trois changements d'état. Ainsi, on parle de chaleurs latentes de sublimation, de fusion et de vaporisation.

Lorsque l'on fait bouillir de l'eau dans un récipient ouvert à la pression atmosphérique, la température ne dépasse pas 100 °C, même si l'on augmente la quantité de chaleur. En effet, la chaleur absorbée par l'eau est utilisée pour transformer l'eau en vapeur : cette chaleur correspond à la chaleur latente. D'une manière similaire, si on chauffe un mélange d'eau et de glace, sa température ne change pas tant que toute la glace n'a pas fondu, car la chaleur absorbée est utilisée pour faire fondre la glace. À titre d'exemple, il faut fournir 19 kJ pour faire fondre 1 kg de glace, et 129 kJ pour convertir 1 kg d'eau en vapeur à 100 °C.

2.1.4. Chaleur massique.

On appelle chaleur massique d'un corps la quantité de chaleur nécessaire pour élever de 1 °C la température de 1 unité de masse de ce corps. La chaleur massique est donc égale à la capacité calorifique par unité de masse. Si l'apport de chaleur se produit à volume constant ou à pression constante, on précise alors s'il s'agit de la chaleur massique à volume constant ou à pression constante. Cependant, dans le cas de substances pratiquement incompressibles telles que l'eau, il n'est pas nécessaire de distinguer ces différentes chaleurs spécifiques car elles sont sensiblement égales. Par ailleurs, la chaleur spécifique d'un corps à volume constant ou à pression constante dépend de la température.

2.1.5. Transfert de chaleur.

Il existe trois modes de transfert de chaleur : la conduction, le rayonnement et la convection. La conduction implique un contact physique entre les corps ou les parties des corps échangeant de la chaleur, alors que le rayonnement ne nécessite ni contact ni présence d'aucune matière entre les deux corps. La convection se produit lorsqu'un liquide ou un gaz est en contact avec une source plus chaude ; il se produit alors un mouvement d'ensemble des molécules du fluide transportant la chaleur vers les zones plus froides.

2.1.5.1. Présentation.

Le transfert de chaleur est un processus par lequel de l'énergie est échangée sous forme de chaleur entre des corps ou des milieux aux températures différentes.

La chaleur peut être transmise par *conduction, convection* ou *rayonnement.* Bien que les trois processus puissent avoir lieu simultanément, l'un des mécanismes est généralement prépondérant. Par exemple, la chaleur est principalement transmise par conduction à travers les murs en brique d'une maison ; l'eau dans une casserole placée sur une cuisinière est surtout chauffée par convection ; la Terre reçoit sa chaleur du Soleil en grande partie par rayonnement.

2.1.5.2. Conduction.

Seule la conduction permet un transfert de chaleur efficace à travers les solides opaques. Lorsque l'on chauffe l'une des extrémités d'une barre métallique, la chaleur se transmet par conduction à l'autre extrémité plus froide. Le mécanisme exact de la conduction dans les solides n'est toujours pas totalement élucidé, mais découle surtout du mouvement des électrons libres dans le corps, enclenché dès que s'y établit une différence de température. Ainsi, les bons conducteurs de chaleur sont en général de bons conducteurs électriques.

En 1822, le mathématicien français Joseph Fourier donna une définition mathématique précise de la conduction. D'après la loi de Fourier, la vitesse à laquelle la chaleur est conduite dans un corps par unité de section est proportionnelle à l'opposé du gradient de la température du corps. Le facteur de proportionnalité est la conductibilité thermique du matériau. Des métaux comme l'or, l'argent et le cuivre ont une conductibilité thermique importante (ils conduisent facilement la chaleur), alors que des matériaux comme le verre et l'amiante ont une conductibilité thermique beaucoup plus faible. Ces derniers sont des isolants. Dans de nombreuses applications industrielles, il est nécessaire de connaître la vitesse de propagation de la chaleur dans un solide pour une différence de température donnée. On fait alors appel à des techniques de calculs mathématiques sophistiqués, souvent effectués au moyen d'ordinateurs.

2.1.5.3. Convection.

Dans un champ de gravitation, toute différence de température dans un liquide ou un gaz modifie sa densité, un mouvement se produisant alors au sein du fluide du fait de la poussée d'Archimède. Ce mouvement de brassage, dans lequel les parties les plus chaudes du fluide ont tendance à s'élever et les parties froides et denses à descendre, s'appelle convection. Le mouvement du fluide peut être *naturel* ou *forcé.* Les mouvements dus uniquement à des différences de température du fluide constituent la convection naturelle. La convection forcée est obtenue en soumettant le fluide à une augmentation de pression, le mouvement se déclenchant alors selon les lois de la mécanique des fluides.

Exemple de convection naturelle : le chauffage d'une pièce par un radiateur correspond à une élévation d'air chaud le long des murs, l'air plus frais étant aspiré vers le radiateur. L'air chaud ayant tendance à s'élever et l'air frais à descendre, on doit installer les radiateurs près du sol et les appareils de climatisation près du plafond pour garantir une efficacité maximale du dispositif de chauffage. La convection naturelle favorise la montée de l'eau chaude et de la vapeur dans les chaudières, ainsi que le phénomène d'aspiration dans les cheminées. La convection explique également les mouvements des grandes masses d'air autour de la Terre, l'action des vents, la formation des nuages, et les courants océaniques.

2.1.5.4. Rayonnement.

Le rayonnement est fondamentalement différent des deux autres types de transfert de chaleur, en ce sens que les substances qui échangent de la chaleur n'ont pas besoin d'être en contact l'une avec l'autre. Elles peuvent même être séparées par le vide.

Le rayonnement est l'émission d'ondes électromagnétiques par un corps chauffé, une explication générale du phénomène étant fournie par la théorie quantique. En 1900, le physicien allemand Max Planck utilisa la théorie quantique et le formalisme mathématique de la mécanique statistique pour vérifier la loi fondamentale du rayonnement, dite loi de Stefan. L'expression mathématique de cette loi indique que la puissance totalement émise (toutes longueurs d'onde comprises) par un corps chauffé est proportionnelle à T^4, T étant la température absolue du corps. Seul un corps noir émet un rayonnement qui satisfait exactement à la loi de Planck, les corps réels émettant avec une puissance inférieure à celle que prévoit la loi de Stefan.

La contribution de toutes les fréquences à l'énergie de rayonnement est appelée pouvoir d'émission du corps : c'est la quantité d'énergie émise par unité de surface et par unité de temps. Le facteur de proportionnalité de la loi de Stefan est appelé constante de Stefan-Boltzman, du nom des deux physiciens autrichiens Josef Stefan et Ludwig Boltzmann, qui, respectivement, en 1879 et en 1884, découvrirent la relation entre le pouvoir d'émission et la température. Ainsi, plus la température est élevée, plus la puissance émise est importante. Outre l'émission, toutes les substances sont également capables d'absorber un rayonnement.

Les surfaces opaques peuvent absorber ou réfléchir les rayonnements incidents. En général, les surfaces mates et rugueuses absorbent mieux le rayonnement que les surfaces brillantes et polies. À l'inverse, les surfaces brillantes réfléchissent mieux le rayonnement que les surfaces mates. Les corps dotés d'un bon pouvoir d'absorption sont également de puissants émetteurs de chaleur, alors que les bons réflecteurs sont de mauvais émetteurs. Par conséquent, les ustensiles de cuisine sont dotés de fonds mats pour une bonne absorption de la chaleur et de côtés polis pour une émission minimale, afin d'améliorer les transferts de chaleur.

On observe que les capacités d'absorption, de réflexion et de transmission d'une substance dépendent de la longueur d'onde du rayonnement incident. Le verre, par exemple, transmet de grandes quantités de rayonnement ultraviolet (ondes courtes), mais transmet mal le rayonnement infrarouge (ondes longues). La *loi de déplacement de Wien,* nommée d'après le physicien allemand Wilhelm Wien, est une expression mathématique de la sélectivité du rayonnement : le produit de la longueur d'onde d'énergie maximale, exprimée en mètres, et de la température du corps en degrés Kelvin est égal à une constante qui vaut environ : $2{,}897 \times 10^{-3}$ m.K. Cela explique en partie l'effet de serre.

2.2. La Chaleur, selon Maxwell.

Auteur de la remarquable théorie des champs électromagnétiques, James Clerk Maxwell a également contribué au développement de la thermodynamique. *La Chaleur* est un recueil de notions élémentaires sur la thermométrie, la calorimétrie, la thermodynamique et la dissipation de la chaleur. La notion exposée ci-dessous est celle du transfert de chaleur par rayonnement, dont l'origine électromagnétique du processus est révélée par le maître des ondes électromagnétiques.

La Chaleur de Maxwell

Rayonnement.

Par un jour calme, en hiver, nous sentons que les rayons du soleil sont chauds, alors même que l'eau gèle et que la glace est dure et sèche.
Si nous avons recours au thermomètre, nous trouvons que s'il reçoit les rayons du soleil, il indique une température au-dessus de la glace, tandis que l'air environnant l'instrument est à une température au-dessous de la glace. La chaleur, par conséquent, que nous sentons, et qui agit aussi sur le thermomètre, n'est pas transportée par conduction à travers l'air, car l'air est froid, et un corps froid ne peut pas, par conduction, rendre un corps plus chaud que lui-même. Le mode suivant lequel la chaleur atteint le corps qu'elle échauffe, est appelé rayonnement. Les substances qui laissent passer la chaleur rayonnante sont dites *diathermanes*. Celles qui ne se laissent pas traverser par la chaleur sans s'échauffer elles-mêmes, sont appelées *athermanes*. Ce qui passe à travers le milieu environ, dans ce phénomène, est appelé *chaleur rayonnante,* bien que, tant que la chaleur est rayonnante, elle ne possède aucune des propriétés qui distingue la chaleur des autres formes d'énergie ; en effet, la température du corps à travers lequel elle passe, et les autres propriétés physiques du corps ne sont

aucunement influencées par le passage du rayon calorifique, pourvu que le corps soit parfaitement diathermane. Si le corps n'est pas parfaitement diathermane, il arrête plus ou moins de chaleur rayonnante, et s'échauffe lui-même au lieu de transmettre la totalité de la chaleur aux corps situés au-delà.

Le caractère distinctif de la chaleur rayonnante est cette propriété de suivre un *rayon* comme la lumière, d'où le nom de rayonnement. Ces rayons ont toutes les propriétés physiques des rayons de lumière, et sont susceptibles de réflexion, de réfraction, d'interférence et de polarisation. Ils peuvent être séparés par le prisme en rayons de nature différente, de même que la lumière est décomposée en ses couleurs composantes ; quelques-uns des rayons de chaleur sont identiques avec les rayons de lumière, tandis que d'autres espèces de rayons calorifiques ne font aucune impression sur l'œil. Par exemple si nous prenons un verre lenticulaire convexe et si nous l'exposons aux rayons du soleil, un corps placé au foyer, là où se forme une petite image du soleil, s'échauffera énormément tandis que la lentille même et l'air que les rayons traversent resteront complètement froids. Si nous nous arrangeons pour que les rayons, avant d'atteindre le foyer rencontrent la surface de l'eau, de telle sorte que les rayons se concentrent en un foyer situé dans l'eau, alors si l'eau est tout à fait claire, elle restera calme, mais si nous faisons que le foyer coïncide avec une particule solide quelconque dans l'eau, les rayons seront arrêtés, la particule s'échauffera, et sera cause de la dilatation de l'eau adjacente ; c'est ainsi qu'il se produira un courant de bas en haut, et que la particule commencera à s'élever dans l'eau. Cela montre que le rayonnement ne produit un effet calorifique que quand il est *arrêté*.

Il est facile, à l'aide d'une pièce métallique régulièrement concave, telle que le plateau d'une balance, de faire une lentille de glace que l'on peut employer, les jours de soleil, en guise de verre lenticulaire.

Il suffit d'appliquer cette pièce, préalablement chauffée, sur une plaque de glace transparente, d'abord sur une des faces de la plaque puis sur l'autre. Mais cette expérience qui était jadis renommée est beaucoup moins intéressante que celle inventée par le professeur Tyndall, qui consiste à concentrer la chaleur dans la glace au lieu de la concentrer par la glace.

Que l'on prenne un bloc de glace transparente et que l'on y taille une surface plane, parallèle à la surface du lac, ou aux lits de bulles qui se rencontrent généralement dans les gros blocs ; qu'on laisse alors les rayons du soleil, rendus convergents par le passage à travers une lentille ordinaire tomber sur cette surface, le foyer étant à l'intérieur de la glace.

La glace, n'étant pas parfaitement diathermane s'échauffera sous l'influence des rayons solaires, mais beaucoup plus au foyer que partout ailleurs.

Alors elle commencera à fondre à l'intérieur, vers le foyer, et dans ce phénomène, les parties qui fondent les premières sont des cristaux régulièrement formés. Nous versons ainsi sur le parcours du rayon un grand nombre d'étoiles hexagonales formées par des vides de la glace et contenant de l'eau. Cette eau, néanmoins ne les remplit pas tout à fait parce que l'eau occupe un volume moindre que la glace dont elle dérive, de telle sorte que partie des étoiles sont vides.

Les expériences sur les effets thermiques du rayonnement montrent que, non seulement le soleil, mais tous les corps chauds émettent des rayons calorifiques. Quand le corps est suffisamment chaud, ses rayons deviennent visibles et le corps est dit chauffé *au rouge.* Quand il est encore plus chaud, il envoie non seulement des rayons rouges, mais aussi des rayons de toutes les couleurs, et il est dit alors *chauffé au blanc.* Quand un corps est trop froid pour émettre des rayons visibles, il émet cependant des rayons calorifiques invisibles, qui peuvent être accusés par un thermomètre suffisamment délicat, et il ne paraît pas qu'un corps quelconque puisse être assez froid pour ne pas émettre de rayons. La raison pour laquelle tous les corps ne paraissent pas lumineux

est que nos yeux ne sont sensibles qu'à des rayons d'espèces particulières, et nous ne voyons qu'au moyen de ces rayons spéciaux, émanant de quelque corps très chaud, soit directement, soit après réflexion et dispersion à la surface des autres corps.
Nous verrons que les expressions *rayonnement de la chaleur* et *chaleur rayonnante* ne sont pas scientifiquement correctes et qu'elles doivent être employées avec précaution.

La chaleur se communique certainement d'un corps à l'autre et ce phénomène que nous appelons rayonnement, se produit dans la région comprise entre les deux corps. Il est maladroit, cependant, de parler de ce phénomène de rayonnement comme d'un phénomène calorifique. Nous avons défini la chaleur en tant qu'elle existe dans les corps chauds, et nous avons vu que la chaleur est toujours de même nature. Mais le rayonnement entre les corps diffère de la chaleur, comme exposé ci-haut ;
1°— en n'échauffant pas les corps traversés par les rayons ;
2°— en se séparant en plusieurs espèces.
— Par conséquent nous parlerons du rayonnement d'une manière générale, et quand nous parlerons de la chaleur rayonnante, nous ne prétendons pas affirmer l'existence d'une nouvelle espèce de chaleur, mais considérer le rayonnement sous son aspect thermique.

CHAPITRE 3.
NOTIONS SUR LA PHYSIQUE DES ONDES ELECTROMAGNETIQUES

1.1. **Le rayonnement électromagnétique**

Introduction

« La télédétection désigne, dans son acception la plus large, la mesure ou l'acquisition d'informations sur un objet ou un phénomène, par l'intermédiaire d'un instrument de mesure n'ayant pas de contact avec l'objet étudié. C'est l'utilisation à distance de n'importe quel type d'instrument permettant l'acquisition d'informations sur l'environnement. On fait souvent appel à des instruments tels qu'appareils photographiques, lasers, radars, sonars, sismographes ou gravimètres. La télédétection moderne intègre normalement des traitements numériques mais peut tout aussi bien utiliser des méthodes non numériques ».

Dans le domaine spatial, la télédétection se réfère à l'ensemble des techniques et connaissances mises en œuvre pour effectuer des mesures ou des interprétations physiques sur la surface ou l'atmosphère de la Terre à partir d'un engin spatial ou aéroporté.

La télédétection utilise les propriétés du rayonnement électromagnétique pour analyser à distance la surface du sol, de l'océan ou l'atmosphère. Une bonne connaissance de la physique élémentaire du rayonnement est donc indispensable à l'interprétation des résultats de la télédétection.

Ces techniques sont mises en œuvre pour l'interprétation d'une image provenant d'un capteur embarqué (optique, LIDAR ou RADAR), en cartographie (reconnaissance des objets à représenter sur une carte par photo-interprétation), en agriculture (estimation de surfaces cultivées, de types de sols...), en géologie (reconnaissance des formations géologiques par leur aspect en surface), dans la gestion et l'exploitation des forêts (évaluation de biomasses, des essences présentes sur un territoire, détection des arbres malades...), etc.

Le rayonnement électromagnétique est une forme de propagation de l'énergie dans la nature, dont la forme qui nous est la plus familière est la lumière visible telle que la perçoit l'œil humain.

3.2. L'onde électromagnétique

Une onde électromagnétique est composée de deux champs énergétiques duals se propageant ensemble perpendiculairement le long de l'axe de propagation : un champ électrique et un champ magnétique, d'où leur nom.

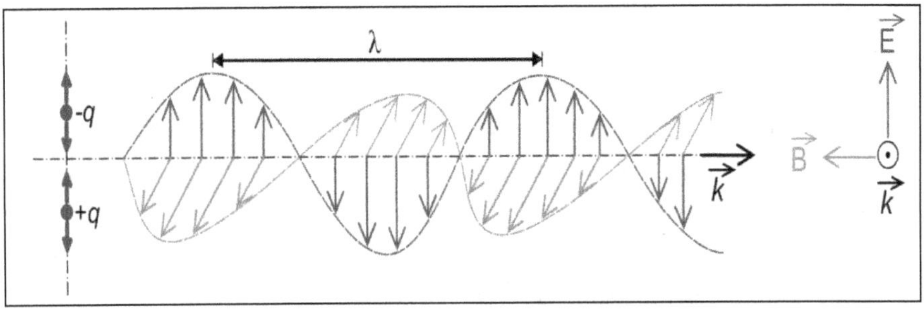

Figure 15. Une onde électromagnétique (par Koyabizo).

3.3. Comportements d'une onde

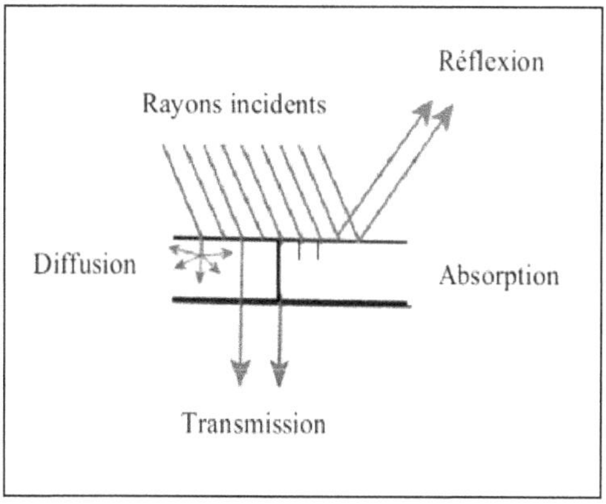

Figure 16. Comportements d'une onde électromagnétique (Koyabizo)

En l'absence d'obstacle, dans un espace isotrope, une onde se déplace en ligne droite. Elle réagit au changement de milieux et à la rencontre d'un obstacle :

Lors d'un changement de milieu de propagation :

- une partie de l'énergie transportée par l'onde repart vers le milieu d'origine : c'est la **réflexion**
- une partie est **transmise** au nouveau milieu si celui-ci est transparent, en changeant de direction : c'est la **réfraction**.
- Si l'onde arrive sur un milieu opaque, une partie de l'énergie est **absorbée**.

De plus, en interagissant avec les atomes du milieu où elle se propage, l'onde se diffuse dans l'atmosphère.

3.4. Caractérisation des ondes

Comme son nom l'indique, une onde se déplace dans un milieu transparent sous une forme ondulatoire, caractérisée par sa longueur d'onde (qui caractérise la longueur que parcourt une onde pour revenir à son état initial) :

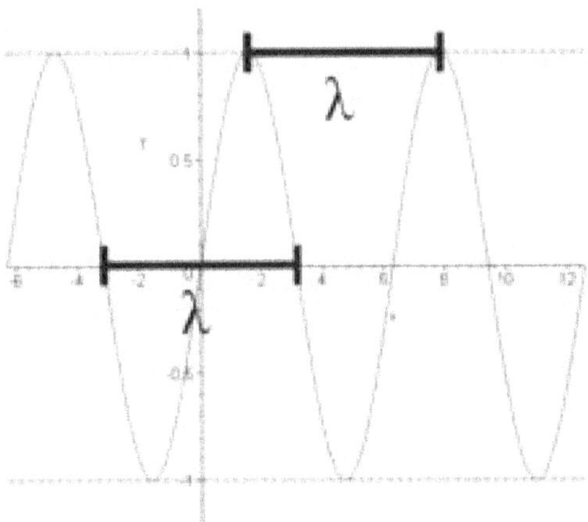

Figure 17. Représentation d'une longueur d'onde (par Koyabizo).

La longueur d'onde est donc caractéristique de la nature de l'onde. C'est pourquoi on découpe généralement le spectre électromagnétique en divers domaines selon la longueur d'onde et le type de phénomène physique émettant ce type d'onde.

Domaines du spectre électromagnétique

- Ondes radioélectriques ou ondes hertziennes : Oscillations d'électrons au sein d'un circuit électrique comme une antenne.
- Micro-ondes : Oscillations d'électrons au sein de composants électriques spécifiques.
- Térahertz (domaine sub-millimétrique, limite micro-ondes / infrarouge lointain) : niveaux de vibration de molécules complexes (molécules d'eau notamment).
- Infrarouge : Oscillations de particules, vibration moléculaire, transitions d'électrons de valence au sein d'atomes ou de molécules.
- Lumière visible : Transitions d'électrons de valence de haute énergie, qui ont la particularité d'être détectées par l'œil humain.
- Ultraviolet : Transitions d'électrons de valence d'atomes ou de molécules de plus haute énergie encore, et donc non observables par l'œil humain.
- Rayons X : Transitions d'électrons des couches profondes au sein d'un atome
- Rayons gamma : transitions au sein du noyau atomique, souvent émis lors de la désexcitation de noyaux-fils issu de la désintégration radioactive d'un noyau instable, de façon spontanée ou sous l'effet d'une accélération au sein d'un accélérateur de particules.

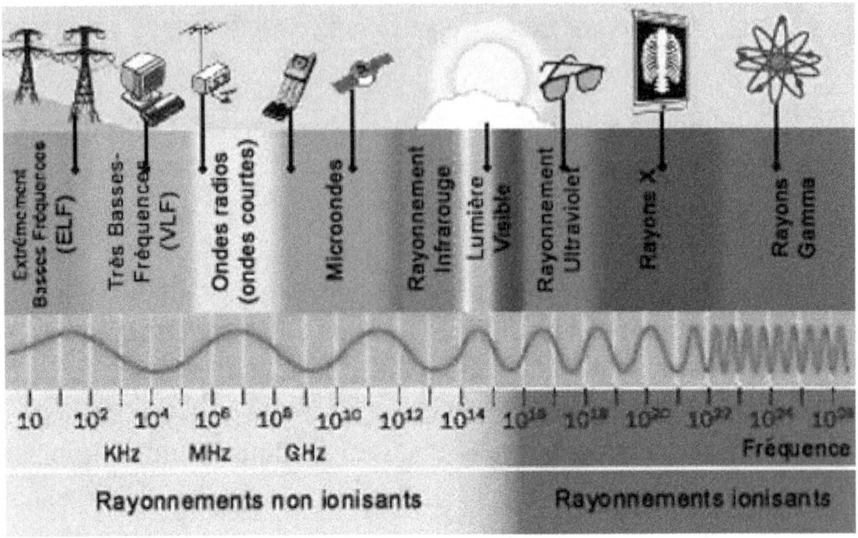

Figure 18. Spectres de rayonnements électromagnétiques (par Koyabizo).

En télédétection spatiale, les longueurs d'onde utilisées sont les suivantes :

- Les ultra-violets, qui permettent de détecter certains matériaux de la surface terrestre, surtout des roches et minéraux, qui entrent en fluorescence ou émettent de la lumière visible quand ils sont illuminés par un rayonnement ultraviolet. Les systèmes Lidar utilisées en télédétection utilisent des longueurs d'onde autour de 200 à 300 nm.
- Les longueurs d'onde du visible très largement utilisées pour leur facilité d'interprétation.
- L'infrarouge, approximativement de 0,7 à 100 µm, soit un intervalle 100 fois plus large que le spectre du visible. L'infrarouge se divise en deux catégories: l'**IR réfléchi**, de 0,7 à 3 µm et l'**IR thermique**, de 3 à 100 µm. Le rayonnement dans la région de l'infrarouge réfléchi est utilisé en télédétection de la même façon que le rayonnement visible. L'infrarouge thermique est très différent du spectre visible et de l'infrarouge réfléchi. Cette énergie

est essentiellement le rayonnement qui est émis sous forme de chaleur par la surface de la Terre.

- Les ondes radar de longueur d'ondes métrique à millimétrique, utilisées en météorologie et dans l'imagerie radar.

3.5. Onde et énergie

Le rayonnement électromagnétique est une forme de transport d'énergie. Une onde électromagnétique transporte l'énergie par entités élémentaires ou quanta d'énergie, qui dépendent de sa fréquence et de l'amplitude du champ électrique associé. Ces quanta d'énergie peuvent être assimilés à des particules, appelés photons. La quantité d'énergie associée à un photon dépend donc de la fréquence de l'onde.

Les rayonnements de fréquence élevée ou de courte longueur d'onde (ultraviolet, lumière visible) transportent ainsi beaucoup plus d'énergie que les rayonnements de grande longueur d'onde (infrarouge, micro-ondes)

3.6. Interaction avec les corps opaques

Lorsqu'une onde électromagnétique rencontre un corps opaque, elle n'est - par définition – pas diffusée dans ce corps. En revanche, une partie est absorbée et une autre réfléchie, d'une part en fonction de la nature et de l'état du corps rencontré, et d'autre part en fonction de la nature de l'onde et de sa manière d'interagir avec cette matière.

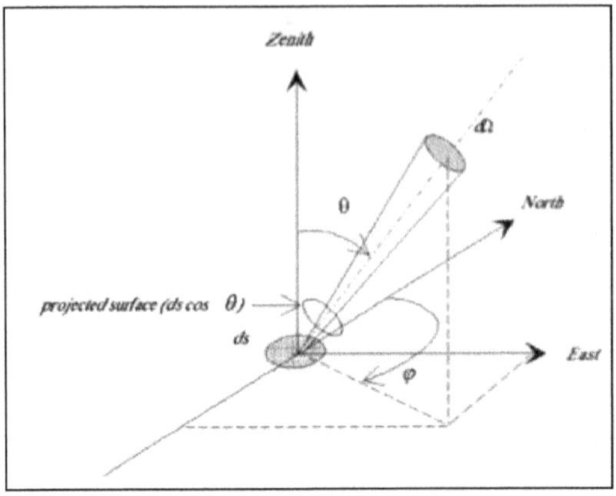

Figure 19. Représentation de la luminance (par Koyabizo)

L'intensité du flux radiatif émis ou réfléchi par une portion de la surface de la Terre, tel qu'elle est mesurée par un capteur se nomme **la luminance**. Elle dépend de la manière dont l'onde est réfléchie par une matière.

Lorsque la lumière est réfléchie de façon uniforme dans toutes les directions, on parle de **réflexion lambertienne**. C'est une hypothèse généralement fausse, mais une approximation très couramment utilisée en télédétection car elle simplifie grandement l'interprétation des mesures ! Dans le cas contraire, on parle de **réflexion anisotrope**.

L'émittance correspond à l'intensité énergétique d'une portion de surface, qui quitte la surface dans toutes les directions d'un demi-espace (hémisphère). C'est donc la luminance intégrée dans toutes les directions. Elle correspond donc à la proportion de l'onde qui est effectivement réfléchie par cette matière (le reste étant absorbé).

CHAPITRE 4. NOTIONS DE DETECTION DE L'ENERGIE ELECTROMAGNETIQUE

4.1. Sources d'énergie et principes de radiation

La lumière visible est l'une de plusieurs formes d'énergie électromagnétique. Les ondes radios, la chaleur, les rayons ultraviolets, les rayons X sont d'autres formes bien connues de la même énergie. Toute cette énergie se comporte et se propage suivant les théories ondulatoires, selon lesquelles l'énergie électromagnétique se déplace de façon harmonique et sinusoïdale à la vitesse de la lumière.

L'équation générale des ondes est la suivante :

$C = \nu.\lambda$

C = célérité, est une constante égale à 3×10^8 m/sec ;

ν = fréquence

λ = longueur d'onde.

Les ondes sont souvent caractérisées par leur longueur, c'est-à-dire leur situation sur le spectre électromagnétique. Ainsi, dans la partie visible du spectre, les longueurs d'onde correspondant aux différentes couleurs sont : 0,4-0,446 µm pour le violet, 0,446-0,500 µm pour le bleu, 0,500-0,578 µm pour le vert, 0,578-0,592 µm pour le jaune, 0,592-0,620 µm pour l'orange, 0,620-0,700 µm pour le rouge. Dans le spectre électromagnétique, le rayonnement infrarouge thermique est associé à la sensation de chaleur.

L'interaction de l'énergie électromagnétique avec la matière est mieux expliquée par la théorie quantique. Celle-ci suggère que l'énergie électromagnétique est composée de plusieurs unités appelées photons ou quanta dont l'énergie est exprimée par la relation :

$Q = h \times C/\lambda$ (Hoogendjik,1983 ; Schwarzenstejn, 1982)

Q = énergie d'un quantum

h = constante de Planck, qui vaut 6626×10^{-24}j.sec

C = célérité

λ = longueur d'onde.

SOURCE :

Le soleil est la source la plus évidente d'énergie électromagnétique. Toutefois, toute matière dont la température est supérieure à zéro absolu (- 273° C) émet continuellement des radiations électromagnétiques.

On peut définir un corps noir comme une source fonctionnant à la manière d'un radiateur idéal qui absorbe et rayonne l'énergie qui lui est incidente.

La radiance est l'énergie par unité d'intervalle de longueur d'onde.

4.2. Interaction de l'énergie avec les objets terrestres.

On décrit trois formes possibles d'interaction entre les objets terrestres et l'énergie.

L'énergie incidente à un objet peut être absorbée, réfléchie ou transmise. En vertu de la loi de conservation de l'énergie, on a établi (Dubois et *al.*, 1999) :

$$E_i(\lambda) = E_r(\lambda) + E_a(\lambda) + E_t(\lambda)$$

E_i = énergie incidente

E_r = énergie réfléchie

E_a = énergie absorbée

E_t = énergie transmise.

Chacune des fractions de l'énergie ci-dessus est fonction de la longueur d'onde, et la formule établie est dite «équation de bilan énergétique ».

4.3. Température cinétique et température radiative

La température cinétique est celle mesurée par un thermomètre mis en contact avec l'objet dont on veut connaître la température. C'est une manifestation interne de l'énergie moyenne de translation des molécules constituant un corps.

La température radiative est la manifestation externe du statut énergétique d'un objet ; elle est mesurée par les scanneurs thermiques.

4.4. Radiation des matériels

Les matériaux réels ne se comportent pas comme des corps noirs ; ils n'émettent qu'une fraction de l'énergie émise par ces derniers, à une température équivalente. L'aptitude émettrice d'un matériau réel comparée à celle d'un corps noir est appelée EMISSIVITE ($\sum$).

Ainsi, on a pu établir la formule suivante :

$Trad = \sum^{1/4}. Tcin$

Trad = température radiative

Tcin= température cinétique

$\sum$ = émissivité

Pour un corps noir, $\sum = 1$; par conséquent, Trad = Tcin.

CHAPITRE 5. LA BIO-THERMIE EN METABOLISME ENERGETIQUE

5.1. Dépenses énergétiques et métabolisme

5.1.1. Les dépenses énergétiques

Pour leur activité, par exemple la synthèse de nouvelles molécules organiques, tous les êtres vivants ont besoin d'énergie. Celle-ci provient de la dégradation de substrats organiques. Le phénomène de la respiration étant la principale source de transformation énergétique, son étude permet de comprendre les besoins énergétiques d'un individu. En effet, on peut facilement mesurer une intensité respiratoire (volume d'oxygène absorbé par unité de masse et par unité de temps). De là, si on connaît la quantité d'énergie correspondante à l'absorption d'un litre d'oxygène utilisé pour l'oxydation d'un substrat donné (ou coefficient thermique de l'oxygène), on calcule directement la dépense énergétique effective du sujet.

On montre alors que, bien qu'étant continu, le processus de dépense énergétique à une intensité est une variable soumise à plusieurs facteurs :

1. A une échelle cellulaire, on observe tout d'abord que la dépense énergétique est différente selon le type de cellule étudié (on mesure pour cela les intensités respiratoires pour différents tissus). C'est par exemple le cas entre cellules chlorophylliennes et cellules animales.
2. On constate que l'intensité respiratoire augmente avec l'activité musculaire. On peut donc relier dépense énergétique et activité musculaire.
3. Chez les homéothermes (ou endothermes), nous savons que le corps doit être maintenu à une température interne constante.

Il s'agit bien sûr d'un phénomène énergétique dont les modalités sont traduites par le phénomène de la respiration. Ainsi, l'intensité respiratoire augmente lorsque l'organisme s'éloigne d'une température dite de neutralité thermique, qui correspond à la dépense d'énergie minimale. En d'autres termes, l'organisme dépense de l'énergie pour lutter contre le froid ou la chaleur.

5.1.2. *Le métabolisme de base*

Si on considère que le métabolisme est l'ensemble des différentes dépenses énergétiques, on peut alors postuler que ce dernier varie selon les facteurs énoncés ci-dessus. Il est aisé de définir un métabolisme dit "de base" en fixant des conditions standard. Celles-ci sont la neutralité thermique, le repos musculaire (le sujet reste allongé) et le repos digestif (la dernière ingestion d'aliments date de 12 heures ou plus). On exprime les dépenses énergétiques irréductibles, notamment le mouvement respiratoire, le mouvement cardiaque et les opérations de renouvellement des tissus.

En d'autres termes, le métabolisme basal est la dépense énergétique la plus faible d'un individu en 24 heures. Elle correspond à une activité minimale et à l'entretien des structures de l'organisme.

Si nous rapportons maintenant cette grandeur à une unité de surface corporelle, et ce afin de tenir compte de la corpulence du sujet à laquelle sont intimement liés les échanges thermiques, on arrive au résultat suivant: le métabolisme de base est indépendant de l'âge du sujet, de son sexe et de son état de santé. Mieux, les valeurs inter-espèces sont très voisines.

5.2. Energie et ATP

Les réactions qui se déroulent dans les cellules et dans les tissus sont de deux types : exothermiques et endothermiques. Les réactions exothermiques libèrent de l'énergie ; elles consistent en la dégradation de molécules en éléments plus petits. À l'inverse, les réactions endothermiques sont des réactions de synthèse et ont besoin d'énergie pour se dérouler. Dans les cellules et les tissus des êtres vivants, les réactions endothermiques sont toujours couplées à des réactions exothermiques qui leur fournissent l'énergie nécessaire.

Le métabolisme s'exprime, au niveau cellulaire, par un ensemble de réactions chimiques. On peut classer celles-ci en deux familles distinctes:

- **Les réactions dites exergoniques** (ou exoénergétiques) sont spontanées et libèrent de l'énergie ['-ergon-' : énergie, 'ex-' : vers l'extérieur].
- **Les réactions dites endergoniques** (ou endoénergétiques) nécessitent obligatoirement un apport d'énergie pour se dérouler ['endo-' : vers l'intérieur].

La présence de ces deux types de réactions dans la cellule permet un fait essentiel : les réactions exergoniques peuvent fournir l'énergie nécessaire à la réalisation des réactions endergoniques.

Les conditions suffisantes pour qu'un tel processus existe sont simples: la quantité d'énergie libérée doit être au moins égale à celle consommée et il doit exister entre les deux réactions un intermédiaire commun, qui capte l'énergie de la réaction exoénergétique et la redonne au moment voulu pour que la réaction endoénergétique puisse avoir lieu. Cet intermédiaire entre réactions exoénergétiques et endoénergétiques, c'est l'adénosine triphosphate ou ATP.

Transfert de l'énergie

Le transfert de l'énergie d'une réaction qui libère de l'énergie vers une réaction qui en consomme se fait par l'intermédiaire de l'ATP, molécule universelle (utilisée par tous les êtres vivants) de stockage de l'énergie.

L'ATP contient des liaisons phosphates à haute énergie. Il peut céder cette énergie par rupture (hydrolyse) de ces liaisons phosphates : un ou deux groupes phosphates se détachent, transformant l'ATP en adénosine-diphosphate (ADP) ou en adénosine-monophosphate (AMP). L'énergie libérée est d'environ 7 kcal par molécule d'ATP.

L'ATP est un ribonucléotide ; elle est composée d'une base azotée (l'adénine), d'un sucre (le ribose) et de trois groupements phosphate enchaînés. Une enzyme spécifique détache un groupement phosphate terminal de la molécule d'ATP ; or cette liaison phosphate est très riche en énergie (30 kJ / mol), et cette énergie peut être exploitée pour une réaction endoénergétique.

La réaction est la suivante :

$$ATP + H_2O \rightarrow ADP + Pi - 30,5\ kJ.$$

(Un signe - devant une énergie signifie qu'elle est libérée lors de la réaction ; au contraire un signe + indique que l'énergie doit être apportée pour que la réaction se fasse).

L'ADP (adénosine diphosphate) et le phosphate inorganique (Pi) peuvent redonner de l'ATP grâce à une enzyme spécifique (l'ATP-synthétase). Cette synthèse d'ATP est réalisée grâce aux dégradations des métabolites pendant la respiration ou pendant les fermentations ; en effet ces réactions libèrent l'énergie nécessaire à la reformation de l'ATP depuis l'ADP et le Pi.

Notons que l'énergie en excès est libérée sous forme de **chaleur**, qui ne peut être utilisée comme intermédiaire énergétique dans la cellule: ce sont des pertes.

Ainsi, la molécule d'ATP n'est pas une source d'énergie mais un intermédiaire énergétique entre les différentes réactions chimiques au sein de la cellule. Le fait qu'elle soit constamment hydrolysée et régénérée explique qu'elle est toujours présente dans le milieu cellulaire en très petites quantités.

Sources d'énergie

Les plantes puisent directement leur énergie dans le rayonnement solaire. En effet, par le phénomène de la photosynthèse, la chlorophylle des plantes capte l'énergie de la lumière solaire pour synthétiser des molécules organiques à partir de substances inorganiques (gaz carbonique notamment). Les molécules organiques produites, en particulier des glucides, sont hautement énergétiques (il s'agit désormais d'énergie chimique). Elles sont directement utilisées par la plante, ou bien stockées dans les tubercules ou les racines ; elles forment alors l'« aliment » des nouvelles pousses, dont la croissance nécessite de grandes quantités d'énergie. De même, les réserves énergétiques stockées dans les graines nourrissent la jeune plante jusqu'à ce qu'elle soit capable de réaliser sa propre photosynthèse.

Incapables d'utiliser l'énergie lumineuse, les animaux trouvent l'énergie chimique dont ils ont besoin dans leur alimentation.

L'énergie alimentaire est exprimée en calories ou en joules. Dans le domaine du métabolisme, l'unité la plus couramment utilisée est la kilocalorie (Kcal). Elle définit la quantité d'énergie calorifique nécessaire pour augmenter de 1° C la température de 1 kg d'eau. Les glucides ont une valeur moyenne de 4,1 Kcal / g, les protéines 5,7 Kcal / g et les lipides environ 9,3 Kcal / g. Selon l'organisme et ses activités, l'un ou l'autre de ces nutriments sera plus apte à répondre à des besoins précis. L'alimentation du renard arctique, par exemple, est presque exclusivement composée de graisses. Grandes transformatrices d'énergie, ces molécules permettent de mieux lutter contre le froid.

Circulation de l'énergie.

Conformément aux deux premières lois de la thermodynamique, les organismes ne peuvent ni créer ni détruire de l'énergie ; ils ne peuvent que la convertir d'une forme à une autre. Ainsi, les plantes transforment l'énergie lumineuse en énergie chimique (sous forme de molécules organiques comme les glucides), que les herbivores consomment, avant de servir à l'alimentation des carnivores. De fait, tous les êtres vivants puisent, directement ou indirectement, leur énergie dans le rayonnement solaire.

5.3. Les différents types de métabolisme

5.3.1. Anabolisme et catabolisme

On distingue deux processus métaboliques : l'anabolisme et le catabolisme. L'anabolisme est le métabolisme de synthèse : à partir de molécules simples, que l'on peut considérer comme des briques, il élabore des molécules plus grosses, notamment les glucides, les protéines et les lipides. Le catabolisme, ou métabolisme de dégradation, regroupe les processus de transformation d'énergie nécessaires à l'activité cellulaire. Il est impliqué dans la dégradation des aliments et dans la destruction des déchets. Le catabolisme intervient également dans le maintien de la température du corps et dans la décomposition de molécules complexes en substances plus simples, éliminées ensuite par les reins, par l'intestin, par les poumons et par la peau, ou utilisées à leur tour dans des réactions de synthèse. Les réactions anaboliques et cataboliques suivent ce que l'on appelle les « voies métaboliques », c'est-à-dire des enchaînements de réactions chimiques dépendantes les unes des autres. En outre, les réactions anaboliques, qui nécessitent de l'énergie, sont toujours couplées à des réactions cataboliques, qui en fournissent. Le métabolisme ne comporte donc, en fait, que des réactions couplées, qui forment un réseau complexe et interdépendant au sein de la cellule.

Chez un individu adulte et en bonne santé, anabolisme et catabolisme sont en constant équilibre dynamique. En revanche, pendant les périodes de croissance, l'anabolisme prend le pas sur le catabolisme. En règle générale, tout déséquilibre entre anabolisme et catabolisme peut entraîner une variation de poids. Lorsque l'activité anabolique devient prépondérante (à cause soit d'une modification de l'alimentation, soit d'une maladie), on constate un gain de poids. La situation inverse provoque une perte pondérale.

5.3.2. Métabolisme total et métabolisme basal

On appelle métabolisme total la consommation totale de kilocalories pour alimenter en énergie toutes les activités biologiques, involontaires autant que volontaires : croissance, thermogenèse, travail musculaire et métabolisme basal. Ce dernier représente une partie très importante de la consommation d'énergie totale. Il assure toutes les fonctions vitales de l'organisme au repos, comme la respiration et le maintien des activités nerveuse, cardiaque, hépatique et rénale. Chez un individu adulte, on considère que le métabolisme basal requiert près de la moitié de l'énergie alimentaire quotidienne.

5.4. Notion de voie métabolique

5.4.1. Fermentations et respiration

Les opérations de synthèse des molécules organiques (anabolisme) et de leur dégradation (catabolisme) sont réalisées par des chaînes complexes de réactions chimiques. On nomme celles-ci voies métaboliques.

L'ensemble des réactions d'une voie métabolique peut s'expliquer par un mécanisme d'oxydoréduction. L'oxydation est une réaction de perte d'électrons, la réduction est un gain d'électrons. Dans une réaction d'oxydoréduction, les électrons perdus pendant l'oxydation sont utilisés pour la réduction : ces réactions s'effectuent toujours en couple.

On rencontre ainsi dans un premier temps des réactions d'oxydation catalysées par des enzymes spécifiques: les déshydrogénases. Les électrons ainsi libérés sont captés (réduction) par des molécules particulières, les transporteurs.

On peut décrire deux voies métaboliques principales :

1. Les fermentations se déroulent dans le cytosol, et sont le plus souvent anaérobies : elles se déroulent sans avoir besoin de dioxygène.
Elles comportent un petit nombre de réactions: ce sont des voies métaboliques courtes. Elles sont donc rapides mais la dégradation du substrat (par oxydation) reste incomplète. Leurs résidus organiques sont divers (par exemple : éthanol, ou acide lactique…) et intimement liés à l'équipement enzymatique de la cellule considérée.
2. La respiration, au contraire, est une voie métabolique longue dont le siège est dans les mitochondries. Bien que plus lente que les fermentations, elle aboutit à une oxydation complète du substrat organique en CO_2 et H_2O : on dit que ce substrat est minéralisé (en

effet le CO_2 n'est pas une molécule organique). Le grand nombre de réactions mises en jeu explique une plus grande production d'ATP que les fermentations. Enfin, il est à noter qu'elle nécessite un apport de dioxygène O_2.

5.4.2. La glycolyse, première étape des fermentations et de la respiration

La glycolyse consiste en une série de réactions anaérobies se déroulant dans le cytoplasme. Elle consiste en l'oxydation du glucose qui donne finalement deux molécules d'acide pyruvique, ainsi que deux molécules d'ATP et deux molécules de transporteurs réduits.

$$\underset{\text{Glucose}}{C_6H_{12}O_6} + \underset{\text{transporteurs oxydés}}{2\,T^{+}} + 2\,(ADP+Pi) \rightarrow \underset{\text{acide pyruvique}}{2\,CH_3\text{-}CO\text{-}COOH} + \underset{\text{transporteurs réduits}}{2\,TH_2} + 2\,ATP$$

5.4.3. Mécanisme de la fermentation

Au cours de la fermentation, anaérobie, l'acide pyruvique est dégradé en une autre molécule organique, telle que l'éthanol (fermentation alcoolique) ou l'acide lactique (fermentation lactique). Deux nouveaux transporteurs réduits sont produits, mais il n'y a pas production supplémentaire d'ATP. Ces réactions sont donc faiblement énergétiques comparées à la respiration.

5.4.4. Mécanisme de la respiration

1) Le cycle de Krebs

Les réactions de respiration faisant suite à la glycolyse se déroulent dans les mitochondries, petits organites à double membrane dispersés dans le cytoplasme.

L'acide pyruvique pénètre dans la mitochondrie, où il subit une série de décarboxylations (= réactions conduisant à la libération de CO_2) et de déshydrogénations. Les six molécules de carbone initialement présentes dans le glucose se retrouvent finalement dans des molécules de CO_2 : il y a minéralisation du carbone organique.

Le mécanisme est le suivant :

- L'acide pyruvique subit une première décarboxylation / déshydrogénation
- Le groupement à deux carbone restant se fixe sur un composé en C4 (= à 4 atomes de carbone)
- Ce corps en C6 formé subit une série de réactions (2 décarboxylations et 4 déshydrogénations) à la fin desquelles est régénéré le corps en C4 initial : c'est le cycle de Krebs.
- Ensuite les transporteurs réduits produits pendant le cycle de Krebs mais aussi pendant la glycolyse sont réoxydés au niveau de la membrane interne de la mitochondrie : c'est la chaîne respiratoire.

2) La chaîne respiratoire

La membrane interne des mitochondries comporte de nombreux replis ou crêtes mitochondriales, qui sont le siège de la chaîne respiratoire.

Celle-ci provient de la ré-oxydation des transporteurs réduits : les électrons libérés sont transportés par divers composés inclus dans la membrane interne de la mitochondrie. Pendant leur transport, ils favorisent le passage de protons (= ions H^+) depuis la matrice (intérieur de la mitochondrie) vers l'espace inter-membranaire. Il en résulte un gradient de protons (= une différence de concentration).

Le retour des protons vers la matrice peut libérer de l'énergie (car un gradient de protons implique l'existence d'une énergie potentielle) : le flux de protons est canalisé par une molécule particulière qui exploite cette énergie potentielle pour la synthèse d'ATP.

Ainsi, les électrons parcourent la chaîne respiratoire jusqu'à un accepteur final : le dioxygène.

$½ O_2 + 2e^- \rightarrow O^{2-}$.
puis : $O^{2-} + 2 H^+ \rightarrow H_2O$

Bilan de la respiration :

Au cours de la respiration, la dégradation d'une molécule de glucose en CO_2 conduit à la formation de 38 ATP : 2 proviennent de la glycolyse (voir plus haut) et 36 proviennent de la ré-oxydation des transporteurs dans la mitochondrie.

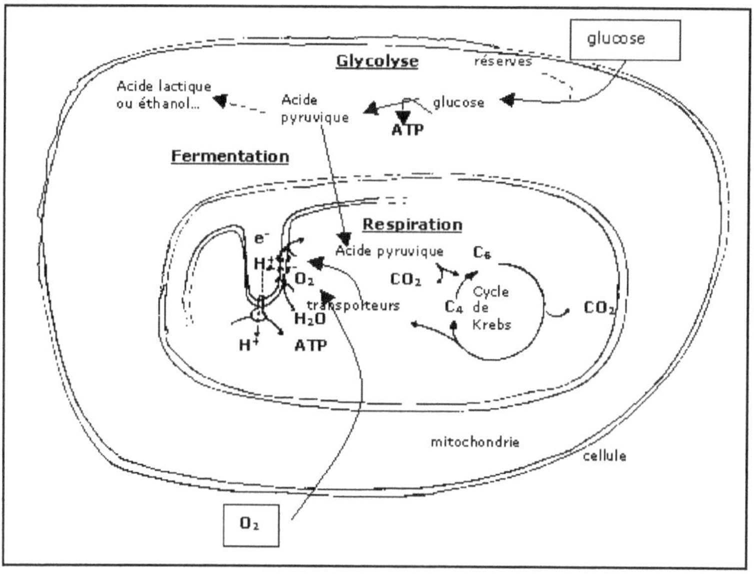

Figure 20.Mécanisme de la respiration (par Koyabizo).

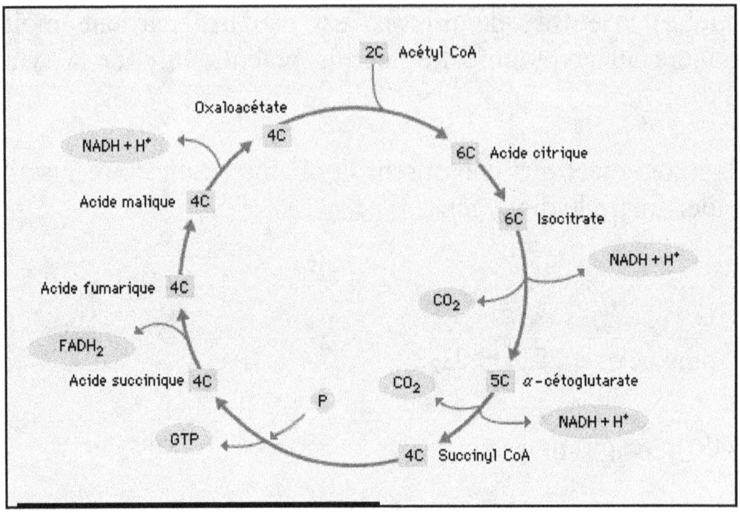

Figure 21.Cycle de Krebs (par Koyabizo).

5.5. Métabolisme énergétique et thermodynamique.

5.5.1. Introduction.

Vers la fin du 18ème siècle, Lavoisier, chimiste de formation, a été l'un des pères fondateurs de la physiologie moderne.
Il s'est intéressé surtout à la chaleur animale.
Il avait émis comme hypothèse : « La production de la chaleur est due à une combustion ». Les êtres vivants étant formés notamment de carbone, la respiration s'accompagne de la combustion des cellules, et donc du dégagement du gaz carbonique en l'occurrence. Ainsi, il mit au point un appareil de mesure du métabolisme énergétique appelé « Calorimètre à glace » ou « Calorimètre de Lavoisier ».

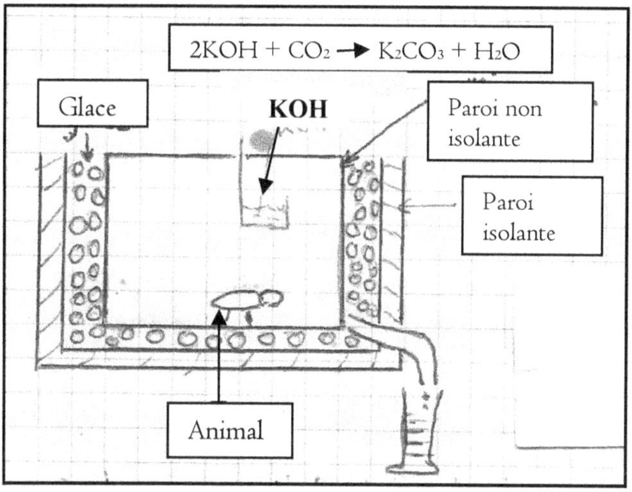

Figure 22. Calorimètre à glace ou de Lavoisier (schématisé par Koyabizo)

Cet appareil mesure la quantité de CO_2 produite.
La quantité d'eau (H_2O) fondue correspond à celle de CO_2 produite par respiration.
On peut conclure que la quantité de chaleur est proportionnelle à la quantité de CO_2 dégagée.
La chaleur animale (sujet enfermé dans le caisson) est presque égale à la chaleur de combustion du CO_2 mesurée.

Cependant, il y a une petite erreur : Lavoisier considérait seulement la combustion du CO_2. Il faisait appel à la méthode quantitative et expérimentale, à la différence de Harvey qui disait ne pas avoir besoin de support anatomique pour interpréter les résultats.
D'après Lavoisier, les processus vivants sont assimilables aux processus chimiques ou physico-chimiques.

Au 19ème siècle, Claude Bernard eut le mérite de formuler ses méthodes dans deux règles :
1. Déterminisme physiologique : un phénomène apparaît toujours quand les conditions matérielles de sa production sont réalisées (température, pression, etc.).

2. Méthode comparative : procéder par séries d'expériences de façon telle que deux expériences successives ne diffèrent entre elles que par une condition expérimentale.

5.5.2. Définition

Le métabolisme énergétique est défini comme le flux d'énergie qui traverse l'être vivant.

En thermodynamique, on distingue trois types de systèmes : le système isolé où il n'y a pas d'échange d'énergie ni de matière avec le milieu ambiant, le système fermé qui échange de l'énergie mais pas de matière avec le milieu extérieur, et le système ouvert qui effectue des échanges d'énergie et de matière avec le milieu précité (Maldague, 1997).

L'être vivant appartient au système ouvert. Il reçoit de l'énergie non dégradée [énergie chimique (nourriture), ou énergie solaire chez les plantes] et la dégage sous forme de travail ou de chaleur. Il est donc, du point de vue énergétique, en équilibre dynamique parce qu'il y a apport continu d'énergie, et les échanges effectués sont irréversibles.

5.5.3. Mesure du métabolisme énergétique.

Elle est souvent utilisée pour la détection des infections de la glande thyroïde et de l'hypophyse. Si la thyroïde est infectée, son métabolisme sera anormal.

1) Méthode de calorimétrie directe.

Le dégagement d'énergie se fait sous forme de chaleur. On recourt à deux appareils :

- Le calorimètre de Lavoisier ;
- Le calorimètre d'Atwater-Benedict.

2) Méthode de calorimétrie indirecte.

Elle se fait en calculant l'énergie reçue.

• Thermochimie alimentaire. Elle a comme principe la mesure de la quantité de nourriture ingérée, et la composition de cette nourriture en glucides, lipides, protéines, en ayant connaissance de la chaleur de combustion de ces trois éléments. Ainsi, on peut déduire leur métabolisme.

• Thermochimie respiratoire. Elle consiste à déduire le métabolisme à partir des échanges respiratoires. Le CO_2, en principe, n'est pas un bon indice pour la mesure de la chaleur dégagée ; il est dès lors utile d'utiliser l'O_2.

5.5.4. Facteurs du métabolisme.

5.5.4.1. Facteurs extrinsèques.

Ils sont représentés par l'activité musculaire et mentale, les facteurs nutritionnels, la température externe.

a. Activité

L'activité musculaire augmente le métabolisme. L'activité mentale, en elle-même, n'accroît pas le métabolisme. En général, l'augmentation de la tension nerveuse engendre une tension musculaire à la base d'un léger accroissement du métabolisme.

b. Facteurs nutritionnels

L'ingestion de nourriture s'accompagne d'un effet à court terme. Une nourriture riche en protéines provoque l'augmentation du métabolisme ; c'est l' « Action Dynamique Spécifique » (ADS) due aux transformations opérées au niveau du foie. Le processus est commandé par la stimulation du système adrénergique.

L'hypernutrition se manifeste par un effet à long terme. Elle se solde par le stockage des matières graisseuses et l'augmentation de poids. Le tissu graisseux ne participe pas directement au métabolisme énergétique.

c. Température externe

Les mammifères supérieurs ont une température constante, quel que soit le milieu. Si l'organisme doit lutter contre l'augmentation de la chaleur, il y aura accroissement de son métabolisme dû à l'activité des glandes sudoripares, à celle des poumons (hyperventilation), à l'augmentation de la température interne qui accroît la vitesse des réactions.

5.5.4.2. Facteurs intrinsèques.

a. Dimension.

Les variations du métabolisme sont plus importantes par unité de surface qu'en fonction du poids.

b. Age : Le métabolisme est plus élevé en période de croissance qu'à l'âge adulte.

c. Sexe : La différence de métabolisme entre l'homme et la femme est de 12% (à cause de tissu adipeux plus important chez la femme).

5.5.5. Thermorégulation

5.5.5.1. Définition

La thermorégulation est l'ensemble des processus par lesquels l'organisme assure la constance de sa température intérieure. C'est le cas des homéothermes (mammifères, oiseaux), à l'opposé des poïkilothermes dont la température interne est fonction de celle externe.

Quand la température corporelle s'élève, l'énergie radiante, ou chaleur, est libérée par dilatation des vaisseaux et augmentation du flux sanguin vers la **surface de la peau**. Quand la température est basse, les vaisseaux sanguins se contractent afin de réduire le flux sanguin et les pertes de chaleur. Les centaines de glandes sudoripares de la peau sont sous le contrôle du centre cérébral de régulation de la chaleur. Elles sécrètent de la sueur qui, en s'évaporant, rafraîchit la surface du corps et participe au maintien de la température corporelle. À ce titre, la peau est également considérée comme un organe excrétoire.

5.5.5.2. La peau

1. Présentation

La peau est un organe protecteur recouvrant la surface externe du corps, constituant une barrière protectrice efficace vis-à-vis de nombreux agents physiques, chimiques, bactériens ou viraux.

La peau contient des terminaisons nerveuses responsables des sensations du toucher, de la température et de la douleur. Dotée de glandes sudoripares et irriguée par de nombreux vaisseaux sanguins (6,5 cm^2 de peau peuvent contenir jusqu'à 4,5 m de vaisseaux), elle joue un rôle important dans le maintien de la température corporelle. Elle joue aussi un rôle prépondérant dans l'absorption des rayonnements ultraviolets pour la synthèse de la vitamine D. La peau est en continuité avec les muqueuses tapissant sans interruption le tube digestif et les voies respiratoires. L'épaisseur de la peau varie de 0,5 mm pour les paupières à 4 mm ou plus pour la paume des mains et la plante des pieds.

2. Structure de la peau

2.1.Epiderme et derme

La peau est constituée de deux couches tissulaires distinctes : l'épiderme et le derme. L'épiderme, qui est la couche externe, est un épithélium formé de quatre types de cellules dont les plus nombreuses, les kératinocytes, synthétisent la kératine. Il comporte plusieurs assises de cellules, dont la plus externe est composée de cellules mortes, dépourvues de noyau et constituées quasi exclusivement de kératine, qui se détachent constamment de la surface (desquamation). Ces cellules sont remplacées au fur et à mesure par de nouvelles cellules à partir de la couche cellulaire basale, le *stratum germinativum.* Le derme, couche interne de la peau, est composé d'un réseau de collagène, de fibres élastiques, de vaisseaux sanguins, de nerfs, de lobules graisseux. C'est dans le derme que se trouve la base des follicules pileux et des glandes sudoripares.

L'interface entre l'épiderme et le derme est extrêmement irrégulière : ces deux couches s'interpénètrent au niveau de papilles épidermiques et dermiques, véritables excroissances en forme de doigts. La succession de papilles est d'autant plus marquée que la peau est épaisse. Les papilles sont associées à des éminences épidermiques qui provoquent des « rides » à la surface de la peau, dont certaines sont utilisées pour l'identification (empreintes digitales). Les papilles contiennent des capillaires (très fins vaisseaux sanguins) et des terminaisons nerveuses spécialisées. Les boucles vasculaires apportent des nutriments à l'épiderme, et sont environ quatre fois plus nombreuses que les papilles nerveuses.

2.2.Annexes cutanées

Ce sont les poils, les ongles et les glandes sébacées et sudoripares.

Les poils sont produits par les follicules pileux, structures cylindriques de l'épithélium entourées de collagène. Chaque poil est associé à une glande sébacée. La contraction du muscle dit arrecteur (ou horripilateur) du poil, en le redressant et en abaissant son point d'ancrage, est responsable du phénomène de « chair de poule ».

Les ongles sont des structures cornées, situées sur la phalange distale des doigts et des orteils.

On trouve des glandes sudoripares sur tout le corps. Elles sont plus nombreuses sur la paume des mains et sur la plante des pieds que sur la face supérieure de ces derniers. Chaque glande est constituée de tubules enroulés, situés dans le tissu sous-cutané, et d'un canal qui s'étend à travers le derme jusqu'à la surface de l'épiderme.

Les glandes sébacées, qui ressemblent à des sacs, sécrètent le sébum qui lubrifie et assouplit la peau. Elles s'ouvrent dans le follicule pileux à une faible distance de la surface de l'épiderme.

5.5.5.3. Processus de thermorégulation

a. Conduction : processus d'échange thermorégulateur suite aux chocs intermoléculaires.
b. Convection : elle se fait dans un milieu matériel, mettant en jeu les différences de densité. Les zones chaudes sont continuellement remplacées par les zones froides.
c. Rayonnement (mieux développé dans le chapitre 2).
d. Evaporation d'eau : elle se fait par une perte de chaleur insensible, et ne dépend pas directement de la différence de température entre le corps et le milieu ambiant.

Mécanismes physiologiques

- Evaporation pulmonaire : dans les poumons, l'atmosphère est saturée de vapeur d'eau ; à chaque inspiration, une quantité de vapeur d'eau est éliminée.
- Evaporation cutanée : elle se fait soit par perspiration insensible, soit par sudation sous contrôle du système nerveux, par l'intermédiaire des glandes sudoripares eccrines ou apocrines.

Les glandes eccrines sécrètent un liquide constitué de minéraux, surtout le chlorure de sodium (NaCl). Les glandes apocrines sont associées aux follicules pileux, et sécrètent un liquide pâteux constitué de protéines et de graisses ; c'est ce liquide qui est responsable de l'odeur de la sueur.

Mécanismes de contrôle

Ils font intervenir des récepteurs et des centres de coordination.

- Récepteurs : on distingue les récepteurs cutanés (sensibles aux variations de température) et les récepteurs centraux situés, chez les mammifères, dans l'hypothalamus.
- Centres : ceux pour la chaleur sont localisés dans l'hypothalamus antérieur, et ceux pour le froid situés dans l'hypothalamus postérieur.

CHAPITRE 6. DETECTION DE LA SOURCE HEMATIQUE PAR LES *ANOPHELINAE*

6.1. Mécanisme de détection chez les crotales

Dans la suite de nos recherches sur la détection de la source hématique par les *Anophelinae*, nous nous sommes référés, entre autres, aux notions sur la détection de la proie par les serpents. Ce mécanisme est explicité par un groupe de chercheurs américains dans le condensé ci-dessous.

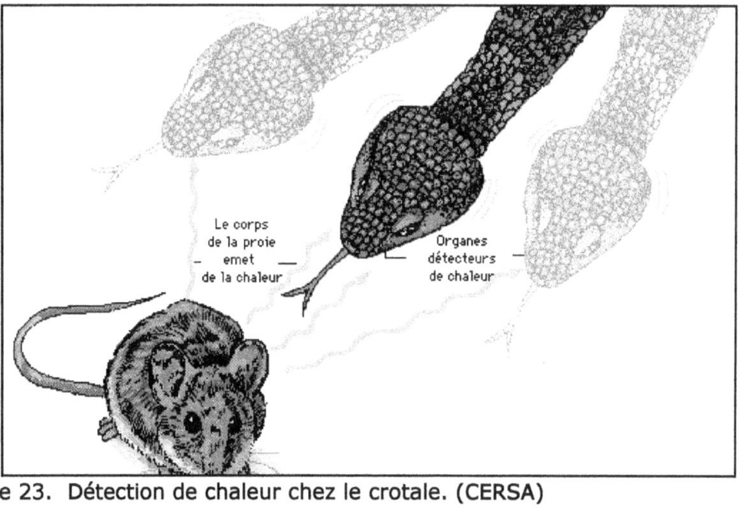

Figure 23. Détection de chaleur chez le crotale. (CERSA)

« Comment le serpent détecte ses proies ».

C'est à la nuit tombée que le crotale du Texas (*Crotalus atrox*), plus connu sous le nom de serpent à sonnette, part traquer ses proies. Au menu : rongeurs, lézards, grenouilles et parfois petits mammifères, qu'il immobilise puis tue en leur injectant un puissant venin. Le reptile détecte ses proies par la chaleur qu'elles rayonnent en infrarouge. David Julius et ses collègues de l'université de Californie à San Francisco ont montré comment fonctionne, au niveau moléculaire, le système de perception infrarouge de ce prédateur.

Qu'ils soient non venimeux, tels les boas ou les pythons, ou venimeux, comme la vipère et le crotale, les serpents détectent leurs proies grâce au rayonnement infrarouge. Les yeux du serpent ne sont pas impliqués, car même quand ils sont masqués, l'animal parvient à détecter ses proies avec la même efficacité. La détection infrarouge fait intervenir des « fossettes sensorielles », de petites cavités situées à l'avant de la tête, sous chacune des narines. Jusqu'à ce jour, les connaissances sur le fonctionnement de ces fossettes étaient très sommaires. Pour en savoir plus, D. Julius et ses collègues ont étudié le crotale du Texas. Un candidat de choix, car sa sensibilité de détection est dix fois supérieure à celle des autres espèces.

L'intérieur de chaque fossette comporte une mince membrane innervée par des cellules du système somato-sensoriel, celui chargé de détecter les variations de pression et les variations de température. Quand une proie se trouve à proximité, à moins d'un mètre, la chaleur qu'elle dégage sous forme de rayonnement infrarouge réchauffe la membrane. Les chercheurs américains viennent de découvrir que cette chaleur active certains récepteurs – des canaux ioniques – nommés TRPA1, situés sur les cellules nerveuses. Quand la température atteint un seuil de 28 °C, ces canaux s'ouvrent et les cellules nerveuses transmettent alors un signal électrique jusqu'au « tectum optique », au sommet du tronc cérébral. Le cerveau construit alors une image en trois dimensions de la proie, proche de celle que l'on obtient avec une caméra thermique.

Ces travaux montrent que la localisation de la proie par le serpent n'implique pas la détection de photons infrarouges par des photorécepteurs, mais qu'elle met en jeu une détection thermique par un thermorécepteur, TRPA1. D. Julius et son équipe avaient déjà identifié ce type de récepteurs chez les mammifères.

Chez la souris, ils ont montré que TRPA1 permet de détecter des substances irritantes telles que la graine de moutarde ou le raifort (que l'on retrouve dans le wasabi). Contrairement au cas du serpent, les récepteurs TRPA1 des mammifères ne sont pas activés par la chaleur. Ainsi, le récepteur TRPA1 revêt des fonctions différentes suivant l'espèce considérée – une spécialisation qui résulte de l'évolution.

6.2. Expérimentations

I. INTRODUCTION

Le moustique Anophèle femelle est le vecteur du parasite *Plasmodium falciparum* dans le sang de l'organisme humain. Cette inoculation se fait lors de la piqûre à travers la peau de l'homme pour sucer le sang nécessaire au métabolisme du moustique.

Plasmodium falciparum est l'agent pathogène du paludisme (ou malaria), maladie à la base de la mortalité humaine très élevée dans les régions tropicales. En effet, les personnes vivant dans les zones où sévit le paludisme sont au nombre de quelque 2,7 milliards. Le nombre de victimes est de l'ordre de 200 millions par an. Le paludisme serait la première cause de la mortalité infantile. (Maldague, M, 2001).

A l'occasion du colloque d'Annecy (1983), il a été mentionné que les malades étaient 2,5 fois plus nombreux en 1983 qu'en 1968, à cause principalement d'une double résistance : celle des parasites (protozoaires, dans l'organisme humain) aux médicaments antipaludiques, et celle des Anophèles au D.D.T., dérivés et successeurs. Ainsi, parmi les objectifs de lutte contre le paludisme dégagé au cours de ce colloque, celui visant le renforcement de la lutte contre les moustiques a retenu notre attention.

Après ce premier point introductif où seront dégagés la problématique et l'objectif de la recherche, les points suivants seront successivement développés : hypothèses ; méthode ; résultats ; discussion ; conclusion.

1.1. Problématique

La question de la recherche est de savoir par quel mécanisme l'Anophèle détecte sa victime et se dirige vers elle pour sucer son sang.

L'on se demande aussi si, dans la nature, il n'existe pas d'autres victimes que l'homme.

1.2. Objectif

L'étude vise à contribuer à la compréhension du mécanisme favorisant le contact entre le vecteur et l'homme, afin de trouver les voies et moyens de briser le cycle évolutif de l'agent pathogène.

1.3. Région de recherche

L'essai s'est déroulé de janvier à mars et d'octobre à décembre 2003 pendant la saison des pluies, dans une ferme située dans la localité de Lutendele, à environ 500 m d'altitude dans la ville de Kinshasa.

Le climat est de type équatorial humide Aw5, avec une température moyenne annuelle de 25° C. La saison des pluies va de mi-septembre à mi-mai, et la saison sèche de mai - juin à août – septembre. La précipitation annuelle se situe autour de 1.200 mm. (Laclavère, 1978).

II. HYPOTHESES

Vu la propension qu'a l'Anophèle à s'orienter vers l'homme dans la nature, que ce soit en milieu fermé ou à l'extérieur, dans l'obscurité ou en présence de la lumière, il pourrait exister une phéromone chimique (protéine, substance volatile,……) ou physique (lumière, son, vent, chaleur, …) qui permet cette détection.

En outre, l'homme ne serait pas la seule source hématique vivante qui intéresse l'Anophèle.

III. METHODE

Chaque expérience ci-dessous a été répétée trois fois, dans les mêmes conditions matérielles, spatiales et protocolaires, en des jours différents, afin de réunir les éléments de certitude et d'exclure les phénomènes fortuits ou aléatoires.

A la fin de chaque essai et après les observations, le corps de l'expérimentateur et celui du chien ont été enduits de vaseline pour faire disparaître les traces de piqûres. Une cure de quinine a été prise par l'expérimentateur, et répétée à intervalle de 15 jours pour prévenir l'apparition de la maladie.

III.1. Première scène

Un chien de race commune, pesant 25 Kg et ayant une température centrale de 37,8° C, a été entièrement rasé à la tondeuse électrique de la région cervicale jusqu'à la base de la queue. L'animal a été enfermé, de 20 heures à 6 heures du matin, dans un local de 3,5 m sur 4 m partiellement aéré grâce aux claustras situés dans la partie supérieure du mur extérieur. Les fenêtres de la pièce ont été préalablement ouvertes de 8 h à 17 h pour laisser entrer les moustiques, puis refermées. La température à l'intérieur de la pièce était de 28° C pendant la journée, et de 25° C durant toute la nuit.

Pendant son sommeil nocturne, le chien était en position de décubitus ventral.

III.2. Deuxième scène

Dans la même pièce préparée dans les conditions ci-dessus, l'expérimentateur (de poids 76 Kg et de température 36,5° C) a été enfermé avec le chien précité de 20 h à 6 h du matin. Il a passé la nuit sur un lit haut de 50 cm, vêtu seulement d'une culotte et allongé sur le dos. Entre le lit de l'expérimentateur et le chien, un T-shirt de couleur bleu-clair mouillé de sueur, et imprégné d'une odeur caractéristique, a été accroché à un trépied haut de 1,20 m. L'expérimentateur, vêtu de ce T-shirt, avait effectué une course pédestre de 16 h à 17 h 30' pour obtenir l'humidification de cet habit. Cette démarche visait à vérifier l'influence de l'odeur ou de la sueur sur l'attraction des moustiques.

Pendant la nuit, avant le sommeil de l'expérimentateur, une ampoule ordinaire de 60W fixée au plafond a éclairé le local.

III.3. Troisième scène

Dans les mêmes conditions d'expérience décrites au point III.2., la troisième scène a été réalisée. Mais le T-shirt a été remplacé par une source lumineuse électrique au rayonnement bleu, placée à 1,20 m du sol, entre l'expérimentateur et le chien. L'ampoule au rayonnement bleu est encastrée dans un dispositif en plastique percé de larges fentes ou fenêtres. L'appareil se vend dans le commerce.

III.4. Quatrième scène

La même chambre d'expérience a été préparée dans les mêmes conditions qu'au point III.1., à la seule différence qu'il a plu toute la journée. La température intérieure a été de 21,5° C durant l'épreuve qui s'est déroulée de 18 h à 20 h.

L'expérimentateur était allongé sur un lit et couvert entièrement de drap en guise de moustiquaire. L'espace entre la couverture et le sujet était de plus ou moins 10 cm.

A 20 h, l'expérimentateur a enlevé le drap, est sorti de la pièce, et y est revenu 10 minutes plus tard pour les observations. Pendant les deux heures d'essai, la pièce était éclairée par une lumière douce, avec une ampoule de 60 W fixée au plafond.

IV. RESULTATS

IV.1. Dans la scène 1

A l'entrée dans la pièce vers 6 h 15', les observations suivantes ont été faites :

- Les moustiques avaient effectivement sucé le sang du chien, et prenaient leur repos dans des endroits obscurs : à la porte, aux rebords des fenêtres, au coin des murs ;
- 32 moustiques visibles gorgés de sang ont été dénombrés ;
- sur le corps de l'animal, nous avons compté 44 points de piqûres : au niveau du poitrail gauche, de toute la région dorsale, de la région cervicale.

IV.2. Dans la scène 2

Au matin, nous avons fait le constat suivant :

- les moustiques gorgés de sang ont été accrochés à la porte, aux rebords des fenêtres, aux pieds du lit, en-dessous du matelas, au bois du trépied ;
- pour mieux dénombrer les moustiques, le lit a été soigneusement évacué hors de la pièce, sans laisser fuir les vecteurs ;
- avant que l'expérimentateur ne s'endorme, il observait le T-shirt suspendu : quelques moustiques (±4) se fixaient par intermittence à ce vêtement, puis s'envolaient ;
- 58 moustiques visibles gorgés de sang ont été comptés ;
- l'expérimentateur présentait 36 points de piqûres répartis au niveau des pieds, des jambes, des bras, de la région pectorale et à la face ;
- quant au chien, il avait 48 points de piqûres ;
- un seul moustique gorgé de sang prenait son repos sur le T-shirt.

IV.3. Dans la troisième scène

- Il n'y a pas de point de piqûre visible sur le corps de l'expérimentateur ;
- 3 points de piqûres ont été observés dans la région dorsale du chien, mais aucun moustique gorgé de sang n'a été présent ;
- 78 moustiques morts et non gorgés ont été dénombrés, dont 35 dans le godet de l'appareil, et 43 au sol en-dessous du dispositif précité.

IV.4. Dans la quatrième scène

Après 45 minutes, l'expérimentateur a pu dénombrer, à travers la transparence du drap, 18 moustiques fixés au tissu ;

A 20 h, l'expérimentateur est sorti de la pièce, y est revenu 10 minutes plus tard, et a pu compter 31 moustiques fixés au matelas, à l'endroit qu'il avait occupé auparavant.

V. DISCUSSION

V.1. Analyse des scènes 1 et 2

Des constats faits dans les scènes 1 et 2, les évidences énumérées ci-dessous permettront de mieux expliquer les phénomènes observés :

- L'Anophèle suce le sang de l'animal et de l'homme indistinctement ;
- L'insecte accorde la préférence aux endroits obscurs pour le repos ;
- Le moustique semble être plus attiré vers l'animal que vers l'homme, même si la différence dans cet essai n'est pas très significative ;

- Le vecteur reconnaît ses victimes même dans l'obscurité ;
- Il est quasi indifférent vis-à-vis de l'odeur de la sueur qui imprègne un habit isolé.

Ainsi, on peut provisoirement exclure l'hypothèse relative à l'influence des substances volatiles, de l'odeur, du vent sur le phénomène attractif des moustiques, et retenir celle ayant trait à la thermo-sensibilité.

En effet, les notions développées par Cambier (1978) et abondamment explicitées par Dubois et al. (1999) sur le phénomène de rayonnement des corps terrestres, renseignent que toute matière dont la température est supérieure à zéro absolu (-273°C) émet continuellement des radiations électromagnétiques. Selon la loi de Stephan et Boltzmann, la quantité d'énergie émise par un corps est fonction de la température. On a donc établi une relation entre la température cinétique (Tcin), la température radiative (Trad) et l'émissivité (∑) par la formule suivante : Trad = $\sum^{1/4}$. Tcin.

L'émissivité moyenne des mammifères étant de 0,98, et la Tcin respectivement de 37,8° C pour le chien et 36,5° C pour l'homme, les Trad de ces espèces seront respectivement de 35,7° C et 34,5° C. Pour le T-shirt humide, les valeurs sont les suivantes :

∑ = 0,96 ; Tcin = 27° C, Trad = 24° C. L'on peut dresser le tableau ci-dessous pour établir une comparaison :

Tableau 2. Températures radiatives et cinétiques de quelques matériaux typiques.

Matériaux	Emissivité	Tcin (°C)	Trad (°C)
Corps noirs	1	27	27
Végétation	0,98	27	25,5
Sol humide	0,96	27	24,0
Sol sec	0,92	27	20,8
Homme	0,98	36,5	34,5
Chien	0,98	37,8	35,7
T-shirt humide	0,96	27	24,0

Au vu de cette échelle de valeurs, il apparaît que la température radiative des mammifères (chien, homme) est supérieure à celle des autres corps terrestres (± 10°C). Cette température radiative est associée à la Radiance qui est l'énergie émise par unité d'intervalle de longueur d'onde (Loi de Boltzmann). C'est cette énergie ou radiance qui est captée au niveau de l'Anophèle par le mécanisme de thermo-sensibilité (Cambier, 1978), et permet à l'insecte, en repos ou pendant le vol, de s'orienter vers sa victime.

Le gaz carbonique (CO_2) expiré par les deux mammifères (homme, chien) produit les mêmes effets de chaleur associée à l'énergie radiante. Quant à la sueur, celle d'origine glandulaire eccrine et apocrine ayant imprégné l'habit (T-shirt), elle semble ne pas avoir d'influence sur l'attractivité du moustique. De toutes les façons, ce phénomène est confirmé par la piqûre de la surface corporelle du chien (effet thermique), alors que les glandes sudoripares de cet animal sont localisées au niveau de la surface plantaire. En outre, l'organe olfactif du moustique (les antennes) est trop rudimentaire pour pouvoir intervenir dans le processus de sensation des odeurs. La sudation corporelle, eccrine ou apocrine, est le résultat d'un accroissement du métabolisme ; elle est accompagnée d'un **dégagement d'énergie ou de chaleur** qui est captée par les récepteurs thermiques du moustique. Ceci pourrait corriger la théorie développée par Costantini et al.(2001), Carlson(2004),Acree et al.(1968), Smith et al.(1970).

V.2. Analyse de la scène 3

Tous les moustiques se sont dirigés vers la source lumineuse à rayonnement bleu ; la mort est survenue par assèchement des moustiques. Les quelques points de piqûre sur le chien constituent un cas fortuit. Cette observation peut être expliquée par deux phénomènes physiques : l'effet visuel et l'effet thermique.

V.2.1. Effet visuel

La couleur bleue est la deuxième, après le violet, située dans la première portion visible du spectre électromagnétique perceptible par l'œil. Sa longueur d'onde s'étend de 0,446 à 0,500 µm. Ce rayonnement, au niveau de l'œil, est transformé en influx nerveux qui est conduit au cerveau, et permet de voir. C'est ce qui attire le moustique. Les travaux d'Allan (1994) et de Bidlingmayer (1994) confirment nos observations et affirmations.

V.2.2. Effet thermique

La température cinétique de l'appareil à rayonnement bleu est de 51,2°C ; son émissivité (∑) est proche de celle d'un corps noir, soit 0,99. L'on peut donc calculer la température radiative, qui sera de 48,8°C. Cette valeur, comparée à celles reprises au tableau 2, est de loin supérieure à celle relative au chien (+ 13,1°C) et à l'homme (+ 14,3°C). Par conséquent, l'attractivité est beaucoup plus élevée au niveau de la source lumineuse.

La mort par assèchement du liquide intra et intercellulaire des moustiques est expliquée par la théorie quantique. En effet, l'énergie électromagnétique associée au rayonnement de la matière comporte des photons ou quanta. Cette énergie, inversement proportionnelle à la longueur d'onde (λ), est calculée par la relation :

$Q = h\ C/\lambda$

Avec Q = énergie d'un quantum

h = constance de Plank = $6\ 626\ X10^{-24}$ J. sec

C = célérité = $3\ X\ 10^{8}$ m/sec

λ = longueur d'onde.

Cette énergie vaut :

Pour le rayonnement bleu (λ = 0,45 μm) : $Q = 441{,}7.10^{-8}$J (1)

Pour l'homme et le chien (rayonnement infrarouge thermique, λ = 3,6 μm) : $Q = 552{,}1.10^{-9}$J (2).

Le rapport entre les deux valeurs (1) et (2) est égal à 8 ; ce qui signifie que l'énergie d'un quantum émise par le rayonnement bleu est 8 fois supérieure à celle du spectre infrarouge thermique émise par l'homme ou le chien. Par conséquent, les rayons ultraviolet, violet et bleu sont très nocifs pour les moustiques, tandis que les infrarouges thermiques leur sont favorables.

Les rayons solaires à courte longueur d'onde (X, ultraviolet, etc.) sont arrêtés par la couche de l'ozone atmosphérique. Celle-ci laisse toutefois filtrer quelques films de rayons nocifs, en l'occurrence les ultraviolets qui, bien qu'atténuées par la distance et l'interaction des particules atmosphériques, parviennent à la surface terrestre avec des effets nocifs sur les moustiques. C'est ce qui explique l'attitude de photophobie de ces derniers vis-à-vis des rayons solaires.

Ainsi, dans le cadre de la lutte contre les moustiques, l'on pourra recourir aux appareils spécifiques émettant les rayons électromagnétiques (ultraviolet, violet, bleu).

En effet, les rayons ultraviolets ont démontré leur efficacité dans la destruction des microorganismes en vue de la production d'eau potable : les essais réalisés par Hofrat W. (Anonyme, 1990) du Laboratoire de Bactériologie de l'Etat Fédéral d'Autriche (Vienne) ont conduit à l'élimination des *Escherichia coli* et *Poliovirus* contenus dans l'eau intentionnellement infectée, en utilisant l'appareil « Spring-Clair » à rayons ultraviolets de 0,254 µm.

V.3. Analyse de la scène 4

Il a été observé que les moustiques ont été fixés au drap, et plus tard agglutinés au matelas à l'endroit occupé auparavant par l'expérimentateur.

Par la respiration (sous le drap), le sujet émet du gaz carbonique (CO_2) proportionnel à une quantité de chaleur. Il faut y ajouter la radiance (énergie) associée à la température radiative de l'organisme (Cambier, 1978).

Cette quantité d'énergie émise est absorbée par le drap et le matelas (loi d'absorbance) qui les émettent à leur tour.

Ceci nous ramène à la loi de Kirchhoff qui dit : «Tout corps réel à une température donnée, émet des radiations qu'il est capable d'absorber». C'est cette énergie, fonction de la température radiative, qui est captée par les récepteurs thermiques des moustiques et attire les vecteurs vers le drap et le matelas.

V.4. Phénomène de thermo-sensibilité

Comme chez les mammifères, il existe chez le moustique un récepteur chimique, de nature protéinique et élaboré selon un code génétique, qui joue un rôle dans la thermo-sensibilité en assurant la conductibilité par les neurones sensitifs vers les centres cérébraux. Chez les *Culicidae*, le cerveau est réduit à un bulbe très perméable aux médiateurs chimiques. Le comportement du moustique envers la source hématique répond à la **« Loi d'attractivité réflexe thermo-neuronique ».**

Cette loi est établie par la relation suivante :

$$S(a) = (Trad.\ \lambda.Q)\ /d$$

S(a) = sensibilité attractive du moustique = Attractivité réflexe

Trad = température radiative du corps terrestre (°K)

λ = longueur d'onde du rayonnement émis par le corps terrestre

Q = énergie quantique dégagée par le corps terrestre

d = distance entre le moustique et le corps terrestre.

Ainsi, la « **Loi d'attractivité réflexe thermo-neuronique chez les *Anophelinae* » ou « Loi de Koyabizo » est définie comme un phénomène ou une relation physico-physiologique qui détermine la sensibilité attractive ou l'attractivité du moustique, par la voie nerveuse, envers la source hématique représentée par les homéothermes.**

Elle est exprimée en unités Koyabizo (Ky) (= Joules.°K).

De cette loi, nous retenons l'interprétation suivante : « Tant que le métabolisme des homéothermes sera actif dans leurs organes comme dans leurs cellules, avec une circulation sanguine fluide dans les limites de l'homéostasie, le flux d'énergie radiante accompagnant ce processus associé à une température radiative constitue la base de l'attractivité des *Anophelinae* envers la source hématique ». Cette attractivité (ou détection) est un phénomène réflexe ; elle se place à un niveau sensitivo-moteur répondant

automatiquement aux stimuli selon des complexes instinctifs sous commande génétique (Maldague M., 1997).
En effet, les arthropodes (insectes) sont un bel exemple de construction anatomique simple qui obéit à cette loi d'attractivité réflexe. Le stimulus influençant les *Anophelinae*, dans ce phénomène, est l'énergie calorifique (thermique) dégagée par les homéothermes.

VI. BASE NEURO-BIOPHYSIQUE DE L'ATTRACTIVITE

A partir des observations et analyses faites au cours de nos expérimentations, nous pouvons situer les organes de détection à plusieurs niveaux :

- les antennes qui sont décrites par plusieurs auteurs comme des organes « d'olfaction » qui détecteraient le CO_2, la sueur, les vibrations sonores, etc. ;
- le système alaire, avec des ailes maintenues et tendues par des nervures principales et des nervures secondaires ; elles sont de nature membraneuse et recouvertes d'écailles sombres ou claires ;
- les touffes d'écailles au niveau des segments abdominaux ;
- le système oculaire qui permet de localiser la cible.

Tous les organes cités ci-dessus, connectés aux ganglions nerveux de chaque segment du corps d'Anophèle, détectent le gradient de température « radiative » provenant des homéothermes. Il s'ensuit une réaction réflexe d'orientation vers la source de chaleur.
C'est ce qui est également observé chez les serpents. En effet, tous les crotales possèdent, entre l'œil et la narine, des fossettes contenant des récepteurs spécialisés dans la détection des radiations thermiques émises par les animaux à sang chaud. Ils sont ainsi capables de capturer une souris dans l'obscurité complète.

Phénomène réflexe

Dès réception du stimulus (l'énergie radiante), les nerfs afférents sont mis à contribution pour atteindre les ganglions correspondants. Une commande est donnée, par la libération des médiateurs chimiques, en atteignant les rayons contractiles des muscles par les terminaisons sensitives, ensuite les terminaisons annulo-spirales qui sont motrices.

On observe un déclenchement du « potentiel d'action » au niveau des membranes des terminaisons sensitives. Le potentiel d'action est un phénomène provoqué par l'introduction des ions Na^+ dans la membrane nerveuse. La perméabilité aux Na^+ est fonction de la dépolarisation appliquée à la membrane.

L'attractivité de l'Anophèle vers les homéothermes appartient au type de réflexe dit « absolu » (**réflexe absolu**) ; il est inconditionnel ou automatique. L'excitant ou le stimulus du réflexe est l'énergie radiante (avec la température radiative) émise par le corps terrestre ; il s'agit d'un « **stimulus absolu** » parce qu'il déclenche une réponse immédiate et constante.

Mécanisme d'excitabilité et de transmission synaptique

L'excitabilité a trait à des phénomènes se déroulant au niveau de la membrane nerveuse.

En soumettant un nerf à une expérience électrique, l'application d'un potentiel infraliminaire n'entraîne pas une propagation du potentiel. Ce phénomène s'appelle « Electronus physique ».

Par contre, l'application d'un courant rectangulaire défini en un endroit précis du nerf entraîne des répercussions sur celui-ci :

- une variation du potentiel dans le temps ;
- après la cessation du courant, il reste une trace de potentiel qui décroît lentement.

Ceci s'explique par le fait que la cellule nerveuse possède dans son intérieur (milieu intra-cellulaire) un endroit bon conducteur d'électricité ; elle est entourée d'une membrane peu conductrice, tandis que le milieu extra-cellulaire est bon conducteur.

Par l'existence des capacités, on peut expliquer la déformation enregistrée lors de l'arrivée du courant.
Il y a lieu de noter que la membrane nerveuse est perméable aux ions K^+, Na^+, etc. ; il existe aussi des résistances intra et extra-cellulaires. La disposition des résistances membranaires explique la localisation du potentiel autour des électrodes lorsqu'on applique le courant. Celui-ci, sur l'électrode, va transiter par l'intérieur des résistances extra-cellulaires et rencontrer des résistances membranaires ; une partie du courant partira par cette résistance. Ensuite, le courant extra-cellulaire sera diminué de moitié et va continuer jusqu'à atteindre une autre résistance membranaire ; une partie du courant va enfin s'engouffrer dans la cellule.
Comme résultat, il y a diminution du courant passant par les résistances extra-membranaires et celles membranaires. Cette diminution explique la décroissance du potentiel à la cessation du courant.

Propriétés actives de la membrane nerveuse

Notion du seuil
Pour déclencher un potentiel d'action, il faut provoquer une dépolarisation, c'est-à-dire diminuer le potentiel de membrane. Cette diminution du potentiel membranaire produira une valeur appelée Seuil.
Cette dépolarisation-seuil peut être déclenchée par un courant qui sera alors appelé « courant-seuil ».

Facteurs affectant le seuil
Le seuil dépend de certaines valeurs :

1. Durée du courant : si la durée de passage est faible, l'intensité sera accrue. La rhéobase correspond à l'intensité-seuil pour de grandes durées ; elle n'est pas un bon paramètre. Tandis que la chronaxie se rapporte à la durée correspondant à une intensité double de la rhéobase.
2. Vitesse d'établissement : si le courant est rapidement établi, le seuil augmente ; par contre, si la vitesse d'établissement du courant est

progressive, le seuil augmente. Cette augmentation du seuil est attribuée à « l'**accommodation** ».

3. Sommation. On distingue deux types de sommations :

a. Sommation temporelle : si l'on applique une seule dépolarisation au niveau de la membrane, on n'atteindra pas le seuil. En appliquant une série de dépolarisations, la sommation temporelle sera enregistrée.

b. Sommation spatiale : l'application de deux stimuli suffisamment rapprochés dans l'espace entraîne l'addition de deux potentiels inductiels. On obtient un « potentiel résultant ». Ainsi, la membrane nerveuse a la propriété d'addition.

   L'application d'un courant cathodique conduit à « l'hyperpolarisation ».

   Si les deux phénomènes sont appliqués en même temps, on n'atteindra pas le seuil.

Potentiel d'action

Définition : le potentiel d'action est un phénomène provoqué par l'introduction des ions Na^+ dans la membrane nerveuse.
La perméabilité aux Na^+ (P_{Na}) est fonction de la dépolarisation (Dép.) appliquée à la membrane.

$$P_{Na} = f(\text{Dép.})$$

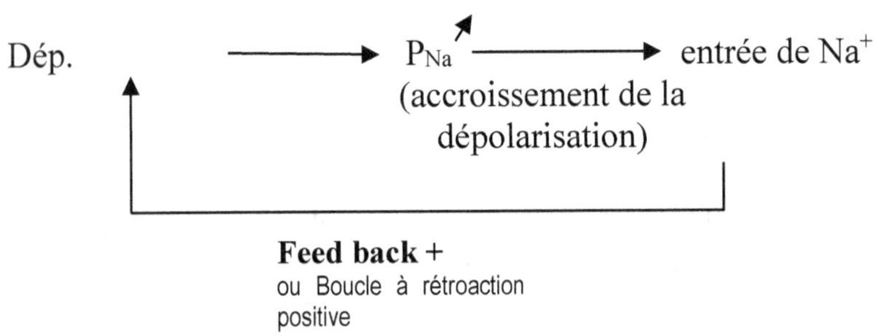

Propriétés du Potentiel d'Action

1. Sensibilité au courant. Les séquences suivantes sont observées : si l'on déclenche un potentiel d'action faible, la perméabilité membranaire aux Na^+ augmente, avec l'entrée d'une faible quantité de Na dans la cellule. On va observer une diminution des charges négatives à l'intérieur, et une baisse des charges positives à l'extérieur de la cellule. Ceci déclenche un potentiel d'action plus fort, avec accroissement de l'entrée des ions Na^+.
2. Le Potentiel d'Action est « tout ou rien », c'est-à-dire indépendant de l'amplitude du stimulus (si le seuil est atteint). On dit alors qu'il est peu susceptible de variation, soit il y a peu d'adaptation possible.
3. Propagation du potentiel d'action.
   En général, le potentiel d'action ne se propage pas, car il est lié aux propriétés de la membrane. Il faudra un certain processus pour pouvoir le propager.

Transmission synaptique

Définition : une synapse est le point de contact entre un neurone et les éléments qu'il innerve. Elle comprend la membrane pré-synaptique, la fente synaptique et la membrane post-synaptique.
Dans le cas des *Anopheles*, on distingue des synapses neuro-effectrices (ou neuro-musculaires) et les synapses ganglionnaires (ou neuro-neuroniques).
Le neurone forme une seule synapse au niveau de la membrane de la fibre ou du neurone correspondant. Il y a invagination de la membrane de la fibre (gouttière synaptique) et la terminaison nerveuse vient s'y loger. A l'intérieur de cette dernière, il existe des organites tels que les vésicules synaptiques qui contiennent les médiateurs chimiques. L'acétylcholine est le médiateur qui intervient dans ce processus de transmission synaptique.

Au niveau des replis post-synaptiques (membranes post-synaptiques) se trouvent les récepteurs nicotiniques qui peuvent se combiner à l'acétylcholine.

Le processus de transmission synaptique suit le schéma suivant :

- Le potentiel d'action pré-synaptique provoque la libération d'acétylcholine par les vésicules.
- Diffusion de l'acétylcholine dans la fente synaptique jusqu'au fond des replis post-synaptiques.
- Combinaison d'acétylcholine aux récepteurs nicotiniques.
- Apparition du potentiel d'action post-synaptique (ou potentiel de plaque motrice) dû à l'augmentation de la perméabilité aux Na^+ (P_{Na}) et aux K^+ (P_K).
  Il faut noter qu'un potentiel de plaque motrice est capable de déclencher à lui seul un potentiel d'action post-synaptique.
- Destruction de l'acétylcholine.
  Les acétylcholinesterases sont des enzymes destinées à détruire l'acétylcholine (Ach) aussitôt que celle-ci ait agi sur la membrane.

$$Ach + H_2O \xrightarrow{\text{Acétylcholinesterase}} \text{Choline} + \text{acétate}$$

Les fragments d'acétylcholine seront retenus dans la fente synaptique et les replis post-synaptiques.

VII. CONCLUSION SUR L'EXPERIMENTATION

Les mammifères (homme, animal) et les oiseaux sont indistinctement piqués par les moustiques ; chez les animaux, l'abondance des poils constitue une barrière à la piqûre.

Les métabolites des sécrétions sudoripares isolées n'ont aucune influence sur l'attractivité des moustiques. Par contre, les pertes de chaleur en fonction de la température radiative associées à une sudation corporelle, contribuent à attirer ces vecteurs vers l'être humain.

Les mammifères dont l'homme utilisent de l'énergie non dégradée ou énergie chimique (nourriture) pour entretenir leur métabolisme. Celui-ci se solde par un dégagement de chaleur ou énergie radiante correspondant à une température radiative supérieure à celle des autres corps terrestres. C'est ce qui permet à l'Anophèle de distinguer ses victimes parmi les autres objets. Toutefois, le rayonnement bleu du spectre électromagnétique visible, avec une température radiative correspondante, exerce un effet visuel et thermique favorable à l'attraction des moustiques. Mais l'énergie quantique qui s'en dégage est très nocive, et même létale pour le vecteur. Il serait intéressant de recourir aux rayons électromagnétiques (ultraviolet, violet, bleu) dans la lutte anti-vectorielle.

En définitive, la source hématique est représentée par les mammifères (homme, chien, etc.). Elle est décelée par l'Anophèle grâce à la thermo-détection de l'énergie électromagnétique du spectre de l'infrarouge thermique (associée à la température radiative) faisant intervenir une substance chimique à base génique. Celle-ci donne un signal sensitivo-neuronique aux centres nerveux du moustique. C'est la « Loi d'attractivité réflexe thermo-neuronique » ou « Loi de Koyabizo ». Ceci marque une différence avec les conclusions des travaux du Professeur John Carlson de l'Université de Yale (février 2004), selon lesquelles la substance chimique identifiée chez l'Anophèle reconnaît une protéine contenue dans les sécrétions sudoripares humaines.

Nous avons dit plus haut que le capteur chimique de la chaleur chez le moustique est codé génétiquement. Le patrimoine génétique de l'Anophèle ayant été récemment décrypté, l'identification du gène de ce capteur est indispensable pour mener une lutte biologique, chimique et physique contre ce vecteur.

Le travail de la recherche consiste désormais à œuvrer pour la modification du gène précité dans le sens de provoquer la « Sensation de Froid Paradoxale » (Cambier, 1978) chez le moustique en présence d'une source thermique. L'aboutissement de ce processus amènera l'Anophèle à «ignorer» la source thermique hématique représentée par l'homme et les autres mammifères.

VIII. POST-CONCLUSION EXPERIMENTALE

La thèse de thermo-détection démontrée dans cette étude est avérée par un phénomène d'observation courante. Un automobiliste ramène sa voiture la nuit à la maison, et la range sur la pelouse du jardin. Le moteur de l'engin est chaud, et sa température décroît tout au long de la nuit. Le matin, lorsque l'automobiliste ouvre le capot de la voiture, il n'est pas rare de découvrir un nombre impressionnant de moustiques sur le moteur, au niveau du radiateur et du pot d'échappement.

L'explication en est simple : au cours du refroidissement du moteur, lorsque la chaleur dégagée correspond à une température radiative favorable aux moustiques, ceux-ci se dirigent par réflexe spontané vers la source de chaleur représentée par le moteur, le radiateur et le pot d'échappement.

Une autre observation confirme la règle : par temps frais (15-18 °C), dans un local fermé infesté de moustiques, ceux-ci s'agglutinent aux murs. Une marmite remplie d'eau portée à ébullition garde son couvercle clos. Lorsque ce dernier est ouvert, les vapeurs d'eau montent vers le haut et se diffusent dans le local. Spontanément, les moustiques quittent les murs et se dirigent vers les vapeurs.

Le flux d'énergie qui entretient le métabolisme des mammifères peut être observé dans le cas suivant : l'on sait qu'un poste récepteur des émissions radios fonctionne en captant les ondes électromagnétiques émises dans le spectre « radio » (longueur d'onde λ entre 10^6 et 10^8 μm). Lorsqu'un sujet humain approche sa main de l'antenne de l'appareil radio, on remarque souvent une nette amélioration de la capacité de réception des émissions. En effet, c'est l'apport de l'énergie radiante de l'organisme qui potentialise celle des ondes radios de l'appareil récepteur.

CHAPITRE 7. CONCLUSION GENERALE

La taxonomie des *Culicidae* comprend trois sous-familles dont celle des *Anophelinae*, subdivisée en trois genres. Parmi ces derniers, le genre *Anopheles* renferme toutes les espèces qui inoculent le *Plasmodium.*
La morphologie (interne et externe) des œufs, des larves, des nymphes et des adultes permet de faire une différentiation des genres et espèces des *Anophelinae.* La connaissance du cycle évolutif peut aider à envisager une stratégie de lutte anti-vectorielle.
La description, en l'occurrence, de la glande salivaire fait épingler le rôle de la salive (nommée « sialome ») dans les deux phénomènes liés à la piqûre du moustique : le repas sanguin et la transmission des germes pathogènes.

La bio-écologie situe en détail le passage des différents stades vitales de l'insecte dans les multiples zones éco-climatiques, les préférences des espèces pour un gîte donné. Concernant particulièrement de la biologie des adultes, elle se caractérise par un ensemble de comportements inscrits dans « le cycle gonotrophique » spécifique pour la femelle. Il s'agit de la succession des phénomènes physiologiques qui se produisent chez le moustique entre deux repas de sang successifs.
Dans la phase de l'accouplement, on remarque l'attraction de la femelle vers l'essaim des mâles grâce aux stimuli optique, olfactif (phéromones) et auditif.

Quant aux préférences alimentaires et comportements trophiques, on observe un lien entre endophilie et anthropophilie d'une part, puis entre exophilie et zoophilie d'autre part. La localisation de l'hôte par le moustique se fait à longue et à courte distance, et elle est fonction de stimuli attractifs tels que décrits par quelques chercheurs : olfaction (odeurs), facteurs visuels, microflore épidermique, gaz carbonique (CO_2), composants volatils de la sueur, les couleurs (bleu, vert), etc.

La nécessité de développer les notions sur la chaleur s'impose, afin de déterminer le rôle de ce phénomène physique dans l'attractivité, principale hypothèse ayant guidé la présente dissertation. Grâce à ces notions, l'on peut aisément comprendre les processus de conduction, de convection et de rayonnement.
C'est dans ce dernier cas qu'émergent les notions sur la physique des ondes électromagnétiques, caractérisées par la longueur d'onde, la fréquence et l'amplitude. Les domaines du spectre électromagnétique sont également définis : les ondes radios, les microondes, le rayonnement infrarouge, les rayons visibles, le rayonnement ultraviolet, les rayons X, α, β, γ.
L'énergie électromagnétique associée au rayonnement est composée de plusieurs unités appelées « photons » ou « quanta ». Elle est directement proportionnelle à la célérité, à la constante de Planck, et inversement proportionnelle à la longueur d'onde.
Les matériaux terrestres émettent une fraction d'énergie, à une température correspondante. Dans le spectre électromagnétique, le rayonnement infrarouge thermique est associé à la sensation de chaleur. D'où apparaissent les notions de température cinétique et de température radiative, ainsi que les moyens de leur détection.

En application aux organismes vivants, ceux-ci ont besoin d'énergie pour leur activité. Dans les cellules et les tissus, il y a deux types de réactions : exothermiques et endothermiques.
Le métabolisme s'exprime, au niveau cellulaire, par un ensemble de réactions chimiques classées en deux familles : les réactions exergoniques (ou exoénergétiques) et les réactions endergoniques (ou endoénergétiques).
L'intermédiaire énergétique entre les deux réactions est l'ATP (Adénosine tri-phosphate). L'énergie en excès, qui ne peut être utilisée comme intermédiaire énergétique dans la cellule, est libérée sous forme de chaleur.

En thermodynamique biologique, ce processus calorifique explique mieux le phénomène du métabolisme énergétique ; on peut attribuer à Lavoisier (vers fin 18ème siècle) la première observation de ce phénomène dans le calorimètre à glace (de Lavoisier), accompagné de la libération de CO_2.

Dans les expérimentations sous revue, l'essai visait à comprendre le mécanisme qui permet au moustique Anophèle de détecter la source hématique représentée par l'organisme humain. La méthode utilisée a consisté à enfermer dans un local infesté de moustiques, en des jours différents, successivement : un chien rasé isolé ; un sujet humain avec le chien et un habit ''T-shirt'' mouillé de sécrétions sudoripares ; les deux sujets précités avec une source lumineuse à rayonnement bleu ; le sujet humain au lit sous un drap.

Les observations faites ont révélé que les moustiques piquent les deux mammifères indistinctement ; ils ne sont pas attirés par l'odeur des sécrétions sudoripares ; ils sont presque tous attirés vers la source lumineuse à rayonnement bleu, et enfin vers le drap et le matelas ayant reçu le sujet humain.
Ce phénomène est expliqué sur la base de l'énergie radiante associée à la température radiative de chaque matériel mis à l'épreuve. Cette température, supérieure à celle des autres corps terrestres, est respectivement de 48,8° C (source lumineuse), 35,7° C (chien), 34,5° C (homme), 24° C (T-shirt).
Les moustiques, à l'approche de la source lumineuse, sont tués par assèchement du liquide cellulaire, à cause de l'énergie quantique qui vaut $441{,}7.10^{-8}$ Joule par photon.

En définitive, la source hématique est représentée par les homéothermes (homme, chien, oiseaux, etc.). Elle est décelée par l'Anophèle grâce à la thermo-détection de l'énergie électromagnétique du spectre de l'infrarouge thermique (associée à la température radiative) faisant intervenir une substance chimique à base génique. Celle–ci donne un signal sensitivo-neuronique aux centres nerveux du moustique. C'est la « Loi d'attractivité réflexe thermo-neuronique » ou « Loi de Koyabizo ». Ceci marque une différence avec les conclusions des travaux du Professeur John Carlson de l'Université de Yale (février 2004), selon lesquelles la substance chimique identifiée chez l'Anophèle reconnaît une protéine contenue dans les sécrétions sudoripares humaines.

Il serait intéressant de recourir aux rayons électromagnétiques (ultraviolet, violet, bleu) dans la lutte anti-vectorielle.

La recherche œuvrera pour modifier le gène précité et produire des Anophèles thermo-insensibles incapables de détecter les sources homéothermes.

BIBLIOGRAPHIE

1. ACREE F., TURNER R.B., GOUCK H.K., BEROZA M., SMITH N., 1968 – *L-Lactic acid: a mosquito attractant isolated from humans.* Science, 161 : 1346-1347.

2. AHMADI A., MAC CLELLAND G.A.M., 1985 – *Mosquito-mediated attraction of female mosquitoes to a host.* Physiol. Entomol., 10 : 251-255.

3. ALLAN S.A., 1994 – *Physics of mosquito vision - An overview.* J. Am. Mosq. Control Assoc., 10 : 266-271.

4. ANNETT H.E., DUTTON J.E., ELLIOTT J.M., 1902 – *Report of the malaria expedition to Nigeria of the Liverpool School of Tropical Medicine and Medical Parasitology.* Mémoire 3, part I. Malaria Fever. University of Liverpool Press.

5. ANONYME : *Spring-Clair 500. Production d'eau potable par l'action combinée filtration / ultraviolet / traitement magnétique.* Office Européen de Promotion et de Marketing Industriel (OFEP), Bruxelles, 1990.

6. ANSELL J., HUJ.T., GILBERT S.C., HAMILTON K.A., HILL A.V.S., LINDSAY S.W., 2000 – *Improved method for distinguishing the human source of mosquito blood meals beween close family members.* Trans. Roy. Soc. Trop. Med. Hyg., 94 : 572-574.

7. ANSELL J., HAMILTON K.A., PINDERT M., WALVAREN G.E.L., LINDSAY S.W., 2002 – *Short-range attractiveness of pregnant women to Anopheles gambiae mosquitoes.* Trans. Roy. Soc. Trop. Med. Hyg., 9 : 113-116.

8. ARCA B., LOMBARDO F., CAPURRO M., DELLA TORRE A., SPANOS L., DIMOPOULOS G., LOUIS C., JAMES A.A., COLUZZI M., 1999a – *Salivary gland-specific gene expression in the malaria vector Anopheles gambiae.* Parassitologia, 41 : 483-487.

9. ARCA B., LOMBARDO F., DE LARA CAPURRO M., DELLA TORRE A., DIMOPOULOS G., JAMES A.A., COLUZZI M., 1999b – *Trapping cDNAs encoding secreted proteins from the salivary glands of the malaria vector Anopheles gambiae.* Proc. Natl. Acad. Sci. USA, 96 : 1516-1521.

10. ARCA B., LOMBARDO F., LANFRANCOTTI A., SPANOS L., VENERI M., LOUIS C., COLUZZI M., 2002 – *A cluster of four D7-related genes is expressed*

in the salivary glands of the African malaria vector Anopheles gambiae. Insect. Mol. Biol., 11: 47-55.

11. BATZER, D.P. WISSINGER, S.A.: *Ecology of insect communities in nontidal wetlands.* Annual Review of Entomology, 1996.

12. BEAVER, J., MILLER-LEMKE, A.M., ACTON, J.K.: *Midsummer zooplankton assemblages in four types of wetlands in the Upper Midwest, USA.* Hydrobiologia, 1999.

13. BEIER, J.C., COPELAND R., MASINYA A., ODAGO W.O., ODUOR S., KOECH D. K., ROBERTS C.R., 1990 – *Anopheles gambiae complex egg-stage survival in dry soil from larval development sites in western Kenya.* J. Am. Mosq. Control Assoc., 6 : 105-109.

14. BEIER J.C., PERKINS P.V., WIRTZ R.A., KOROS J., GARGAN T.P., KOECH D.K., 1988 – *Blood-meal identification by direct enzyme-linked immunosorbent assay (ELISA) tested on Anopheles (Diptera : Culicidae) in Kenya.* J. Med. Entomol., 25 : 9-16.

15. BEIER J.C., VANDERBERG J.P., 1998 – *«Sporogonic development in the mosquito».* In Sherman I.W. ed. : Malaria : parasite biology, pathogenesis, and protection, American Society for Microbiology Press : 49-61.

16. BEKLEMISHEV W.N., 1940 – [*Le cycle trophogonique, principe de base de la biologie d'Anopheles*]. Vop. Fiziol. Ekol. Malar. Komara, 1 : 3.

17. BEKLEMISHEV, W.N.: *De l'exophilie aérienne dans l'éradication du paludisme.* OMS, 1964.

18. BIDLINGMAYER W.L., 1994 – *How mosquitoes see traps : role of visual responses.* J. Am. Mosq. Control Assoc., 10 : 272-279.

19. BILLINGSLEY P.F., 1990 – *Blood digestion in the mosquito, Anopheles stephensi Liston (Diptera : Culicidae) : partial characterization and post-feeding activity of midgut aminopeptidases.* Arch. Ins. Biochem. Physiol., 15 : 149-163.

20. BILLINGSLEY P.F., 1994 – *Vector-Parasite interactions for vaccine development.* Intern. J. Parsitol., 24 : 53-58.

21. BILLINGSLEY P.F., RUIN W., 1992 – *The role of the mosquito peritrophic membrane in bloodmeal digestion and infectivity of Plasmodium species.* J. Parasitol., 78 : 430-440.

22. BOCCOLINI D., DI LUCA M., MARINUCCI M., ROMI R., 2002 – *Anopheles subalpinus (An. maculipennis complex) : does this species really exist ? Results of a molecular study*. Parassitologia, 44 (suppl. 1) : 21.

23. BOCKARIE M.J., ALEXANDER N., BOCKARIE F., JBAM E., BARNISH G., ALPERS M.,1996 – *The late biting habit of porous Anopheles mosquitoes and pre-bedtime exposure of humans to infective female mosquitoes*. Trans. Roy. Soc. Trop. Med. Hyg., 90 : 23-25.

24. BØGH C., PEDERSEN E.M., MUKOKO D.A., OUMA J.H., 1998 – *Permethrin-impregnated bednet effects on resting and feeding behaviour of lymphatic filariasis vector mosquitoes in Kenya*. Med. Vet. Entomol., 2 (1) : 52-59.

25. BOREHAM P.F.L., CHANDLER J.A., JOLY J., 1978 – *The incidence of mosquitoes feeding on mothers and babies at Kisumu, Kenya*. J. Trop. Med. Hyg., 81: 63-67.

26. BOUMA M., ROWLAND M., 1995 – *Failure of passive zooprophylaxis : cattle ownership in Pakistan associated with high prevalence of malaria*. Trans. Roy. Soc. Trop. Med. Hyg., 89: 351-353.

27. BOYD M.F., 1935 – *On the schizogonous cycle of Plasmodium vivax, Grassi and Feletti*. American Journal of Tropical Medicine, 15: 605-629.

28. BRABIN B.J., 1983 – *An analysis of malaria in pregnancy in Africa*. Bull. Wld. Hlth. Org., 61: 1005-1016.

29. BRABIN B.J., VERHOEFF F., CHIMSUKU L., 1996 – *Malaria as a factor in low birth weight in Zaïre*. Lancet, 347 (9000): 552.

30. BRAKS M., 1999 – *Human skin emanations in the host-seeking behaviour of the malaria mosquito Anopheles gambiae*. PhD Dissertation. Wageningen Agricultural University, The Netherlands.

31. BRAKS M.A.H., TAKKEN W., 1999 – *Incubated human sweat but not fresh sweat attracts the malaria mosquito Anopheles gambiae sensustricto*. J. Chem. Ecol., 25: 662-672.

32. BRAKS M.A., ANDERSON R.A., KNOLS B.G., 1999 – *Infochemicals on mosquito host selection: human skin microflora and plasmodium parasites*. Parasitol. Today, 15 : 409-413.

33. BRENGUES J., COZ J., 1973 – *Quelques aspects fondamentaux de la biologie d'Anophelesgambiae Giles (sp A) et d'An. funestus Giles en zone de savane humide d'Afrique de l'Ouest.* Cah. Orstom, sér. Ent. Méd. Parasitol., 11 : 107-126.

34. BRIEGEL H., LEA A.O., 1975 – *Relationship between protein and proteolytic activity in the midgut of mosquitoes*. J. Insect Physiol., 21 : 1597-1604.

35. BRUCE-CHWATT L.-J., 1985 – *Essential Malariology*. Second edition, London, William Heinemann Medical Books Ltd, 452 p.

36. BRUST, R.A.: *Dispersal behavior of Aedes sticticus and Aedes vexans (Diptera: Culicidae) in Manitoba*. The Canadian Entomologist, 1980.

37. BURKOT T.R., 1988 – Non-random host selection by Anopheline mosquitoes. Parasitol. Today, 4 : 156-161.

38. CALVO E., MANS B.J., ANDERSEN J.F., RIBEIRO J.M., 2006 – Function and Evolution of a mosquito salivary protein family. J. Biol. Chem., 281 : 1935-1942.

39. CAMBIER, J. : *Physiologie générale.* Faculté de Médecine, Campus Universitaire de Kinshasa, 1978.

40. CAMBOURNAC F.J.C., HILL R.B., 1940 – *Observation on the swarming ofAnopheles maculipennis var. atroparvus*. Am. J. Trop. Med., 20 : 133-140.

41. CARLSON J., 2004 :article at http://www.nature.com/nature/journal/v427/n6971/full/427212a.html

42. CARNEVALE P., BOREHAM P. F. F., 1978 – *Étude des préférences trophiques d'Anophelesnili* (Theo.), 1904. Cah. Orstom, sér. Ent. Méd. Parasitol., XVI (1-2) : 17-22.

43. CARNEVALE P., BOSSENO M.-F., MOLINIER M., LANCIEN J., LE PONT F., ZOULANI A., 1979 – *Étude du cycle gonotrophique d'Anophelesgambiae (Diptera, Culicidae) (Giles, 1902) en zone de forêt dégradée d'Afrique centrale.* Cah. Orstom, sér. Ent. Méd. Parasitol., XVII : 55-75.

44. CARNEVALE P., BOSSENO M.F., ZOULANI A., 1978 – *Étude du cycle gonotrophique d'Anophelesnili*(Theo.), 1904. Cah. Orstom, sér. Ent. Méd. Parasitol., XVI (1) : 43-52.

45. CARNEVALE P., FRÉZIL J.-L., BOSSENO M.-F., LE PONT F., LANCIEN J., 1978 – *Étude de l'agressivité d'Anophelesgambiae A en fonction de l'âge et du sexe des sujets humains*. Bull. Wld. Hlth. Org., 56: 147-154.

46. CARNEVALE P., GUILLET P., ROBERT V., FONTENILLE D., DOANNIO J., COOSEMANS M., MOUCHET J., 1999 – *Diversity of malaria in rice growing areas of the Afrotropical region*. Parassitologia, 41: 273-276.

47. CARNEVALE P., MOLINIER M., BOSSENO M.-F., MOUCHET J., 1978 – *Relations mathématiques dans la maturation des follicules ovariens des femelles pares d'Anophelesgambiae (Diptera : Culicidae)*. Cah. Orstom, sér. Ent. Méd. Parasitol., XVI (2) : 121-127.

48. CARNEVALE, P. et ROBERT, V. : *Les Anophèles. Biologie, transmission du Plasmodium et lutte anti-vectorielle*. Collection Didactiques, IRD Editions, Marseille (France), 2009.

49. CARTER R., MENDIS K.N., ROBERTS D., 2000 – Spatial targeting of interventions against malaria. Bull. Wld. Hlth. Org., 78 : 1401-1411.

50. CASSANI, J.R., and BLAND, R.G.: *Distribution of floodwater mosquito eggs in a partially wooded Central Michigan lowland*. Mosquito News, 1978.

51. CAVALIÉ P., MOUCHET J., 1961 – *Les campagnes expérimentales d'éradication du paludisme dans le nord de la République du Cameroun. I- Les vecteurs et l'épidémiologie du paludisme dans le Nord-Cameroun*. Méd. Trop., 21 : 847-870.

52. CHADEE D.D., 1994 – *Seasonal abundance, biting cycle, and parity of the mosquito Anopheles homunculus in Trinidad*. J. Am. Mosq. Control Assoc., 10: 522-526.

53. CHAMPAGNE D.E., RIBEIRO J.M., 1994 – *Sialokinin I and II: vasodilatory tachykinins from the yellow fever mosquito Aedes aegypti*. Proc. Natl. Acad. Sci. USA, 91 (1): 138-142.

54. CHAMPAGNE D.E., SMARTT C.T., RIBEIRO J.M., JAMES A.A., 1995 – *The salivary gland-specific apyrase of the mosquito Aedes aegypti is a member of the 5'-nucleotidase family*. Proc. Natl. Acad. Sci. USA, 92 (3) : 694-698.

55. CHARLWOOD J.D., GRAVES P.M., MARSHALL T.F., 1988 – *Evidence for a "memorized" host range in Anopheles farauti females in Papua New Guinea*. Med. Vet. Entomol., 2 : 101-108.

56. CHARLWOOD J.D., PINTO J., SOUSA C.A., MADSEN H., FERREIRA C., DO ROSARIO V.E., 2002 – *The swarming and mating behavior of Anopheles gambiae s.s. (Dipetra : Culicidae) from Sao Tomé Island.* J. Vect. Ecol., 27: 178-183.

57. CHARLWOOD J.D., WILKES T.J., 1979 – *Studies on the age composition of samples of Anopheles darlingi Root (Diptera: Culicidae) in Brazil.* Bull. Ent. Res., 69: 337-342.

58. CHOMCHARIN Y., HARINASUTAT 1981 – *Blood volume ingested by Anopheles dirususing membrane feeding.* Southeast Asian J. Trop. Med. Pub. Hlth., 12 : 123-124.

59. CHRISTOPHERS S.R., 1911 – *The Develoment Of The Egg Follicle In Anophelines.* Paludism, 2: 73-88.

60. CLEMENTS A.N., 1992 – *The Biology of Mosquitoes.* Vol 1. Development, nutrition and reproduction. London, Chapman, Hall pub., 509 p.

61. CLEMENTS A.N., 1999 – *The Biology of Mosquitoes.* Vol 2. Sensory reception and behaviour. Wallingford, CABI pub., 740 p.

62. COETZEE M., CRAIG M., LE SUEUR D., 2000 – *Distribution of African malaria mosquitoes belonging to the Anopheles gambiae complex.* Parasitology Today, 16 : 74-77.

63. COLLINS F.H., KAMAU L., RANSON H.A., VULULE J.M., 2000 – *Molecular entomology and prospects for malaria control.* Bull. Wld. Hlth. Org., 78: 1412-1423.

64. COLLINS F.H., PASKEWITZ S.M., 1996 – *A review of the use of ribosomal DNA to differentiate among cryptic Anopheles species.* Insect Mol. Biol., 5: 1-9.

65. COLUZZI M., 1966 – *Observazioni comparative sur lcromosoma X nelle specie A e B del complesso Anopheles gambiae.* R. Acad. Naz. Lindei, 40: 671-678.

66. COLUZZI M., 1982 – *Spatial distribution of chromosomal inversions and speciation in Anopheline mosquitoes.* Prog. Clin. Biol. Res., 96: 143-153.

67. COLUZZI M., 1994 – *Malaria and the Afrotropical ecosystems: impact of man-made environmental changes.* Parassitologia, 36: 223-227.

68. COLUZZI M., SABATINI A., 1967 – *Cytogenetic observations on species A and B of the Anopheles gambiae complex.* Parassitologia, 9: 73-88.

69. COOSEMANS M., MOUCHET J., 1990 – *Consequences of rural development on vectors and their control.* Ann. Soc. Belge Méd. Trop., 70 : 5-23.

70. COOSEMANS M., WERY M., STORME B., HENDRIX L., MFISI B., 1984 – *Épidémiologie du paludisme dans la plaine de la Rusizi.* Ann. Soc. BelgeMéd. Trop., 64 : 135-158.

71. CORK A., PARK K.C., 1996 – *Identification of electrophysiologically-active compounds for the malaria mosquito, Anopheles gambiae, in human sweat extracts.* Med. Vet. Ent., 10 : 269-276.

72. CORNELIE S., REMOUÉ F., DOUCOURE S., NDIAYE T., SAUVAGE F.X., BOULANGER D., SIMONDON F., 2007 – *An insight into immuno- genetic salivary proteins of Anopheles gambiae in African children.* Malaria J., 6: 75.

73. COSTANTINI C., 1996 – «*Introduction III: odors for host-finding mosquitoes*». In Bock R.G., Cardew G. eds.: *Olfaction in Mosquito-Host Interactions*, UK, Chichester, John Wiley Sons Ltd, CIBA Foundation Symposium: 124-131.

74. COSTANTINI C., BIRKETT M.A., GIBSON G., ZIESMANN J., SAGNON N'F., MOHAMMED H.A., COLUZZI M., PICKETT J.A., 2001 – *Electroantennogram and behavioural responses of the malaria vector Anopheles gambiae to human-specific sweat components.* Med. Vet. Ent., 15 : 259-266.

75. COSTANTINI C., SANON N., ILBOUDO-SANOGO E., COLUZZI M., BOCCOLINI D., 1999 – *Chromosomal and bionomic heterogeneities suggest incipient speciation in Anopheles funestus from Burkina Faso.* Parasitologia, 41: 595-611.

76. COSTANTINI C., SAGNON N'F., DELLA TORRE A., DIALLO M., BRADY J., GIBSON G, COLUZZI M., 1998 – *Odor-mediated host preferences of West African mosquitoes, with particular reference to malaria vectors.* Am. J. Trop. Med. Hyg., 58: 56- 63.

77. COTTRELL G., MARY J.Y., BARRO D., COT M., 2007 – *The importance of the period of malaria infection during pregnancy on birth weight in tropical Africa.* Am. J. Trop. Med. Hyg., 76: 849- 854.

78. CURTIS C.F., LINES J.D., 1987 – *Insecticides in the management of insect vectors of tropical disease.* Insect Science and its Application, 8: 709-714.

79. DANIEL T.L., KINGSOLVER J.G., 1983 – *Feeding strategy and their mechanics of flood sucking in insects.* J. Theo. Biol., 105: 661-672.

80. DAVIDSON G., 1964 – *The five mating-types in the Anopheles gambiae complex*. Rivista di Malariologia, 13: 167-183.

81. DE JONG R., KNOLS B.G.J., 1995a – *Olfactory responses of host seeking Anopheles gambiae ss Giles (Diptera : Culicidae)*. Acta Tropica, 59: 333-335.

82. DE JONG R., KNOLS B.G.J., 1995b – *Selection of biting sites on man by two malaria mosquito species*. Experientia, 51: 80-84.

83. DE JONG R., KNOLS B.G.J., 1996 – *Selection biting sites by mosquitoes*. In : Olfaction in mosquito-hots interactions, Wiley, United Kingdom, Ciba Foundation : 89-108.

84. DEKKER T., TAKKEN W., KNOLS B.G.J., BOUMAN E., DE LAAK S., DE BEVER A., HUISMAN P.W.T., 1998 – *Selection of biting sites on a human host by Anopheles gambiae s.s., An. arabiensis and An. quadriannulatus*. Entomol. Exp. Appl., 87: 295-300.

85. DETINOVA T.S., 1962 – *Age-grouping methods in Diptera of medical importance with special reference to some vectors of malaria*. Wld. Hlth. Org., Monogr. Series: 47, 216p.

86. DEVINE T.L., VENARD C.E., MYSER W.C., 1965 – *Measurement of salivation by Aedes aegypti (L.) feeding on a living host*. J. Ins. Physiol., 11: 347-353.

87. DIABATÉ A., DABIRÉ R.K., KENGNE P., BRENGUES C., BALDET T., OUARI A., SIMARD F., LEHMANN T., 2006 – *Mixed swarms of the molecular M and S forms of Anopheles gambiae (Diptera : Culicidae) in sympatric area from Burkina Faso*. J. Med. Entomol., 43 (3): 480- 483.

88. DIATTA M., SPIEGEL A., LOCHOUARN L., FONTENILLE D., 1998 – *Similar feeding preferences of Anopheles gambiae and A. arabiensis in Senegal*. Trans. Roy. Soc. Trop. Med. Hyg., 92: 270-272.

89. DIMOND J.B., LEA A.O., HAHNERT W.F., DE LONG D.M., 1956 – « *The amino-acids required from egg production in insects* ». In : Proc. 10th Int. Congr. Ent. Montreal, Canada, vol. 2.

90. DOSSOU-YOVO J., DIARRASSOUBA S., DOANNIO J., DARRIET F., CARNEVALE P., 1999 – *Le cycle d'agressivité d'Anophelesgambiaes.s. à l'intérieur des maisons et la transmission du paludisme dans la région de Bouaké (Côte d'Ivoire). Intérêt de l'utilisation de la moustiquaire imprégnée*. Bull. Soc. Path. Exot., 92 : 198-200.

91. DUBOIS, J.M.M., PROVENCHER, L. : *Précis de télédétection.* Presses de l'Université du Québec, 1999.

92. DUCHEMIN J.B., LEONG POCK TSY J.M., RABARISON P., ROUX J., COLUZZI M., COSTANTINI C., 2001 – *Zoophily of Anopheles arabiensis and Anopheles gambiae in Madagascar demonstrated by odour-baited entry traps.* Med. Vet. Ent., 15: 50-57.

93. DUSFOUR, I., LINTON Y.M., COHUET A., HARBACH R.E., BAIMAI V., TRUNG H.D., SENG C.M., MATUSOP A., MANGUIN S., 2004 – *Molecular evidence of speciation between island and continental populations of Anopheles (Cellia) sundaicus (Diptera : Culicidae), a principal malaria vector taxon in Southeast Asia.* J. Med. Entomol., 41: 287-295.

94. DUTTA P., BHATTACHARYYA D.R., KHAN S.A., SHARMA C.K., MAHANTA J., 1996 – *Feeding patterns of Anopheles dirus, the major vector of forest malaria in north east India.* Southeast Asian J. Trop. Med. Public Health, 27 (2) : 378-381.

95. DYE C., HASIBEDER G., 1985 – « *Patterns of mosquito-host contact and disease population dynamics* ». In Lounibos L.P., Rey J., Frank J.H.: Ecology of Mosquitoes, Proceedings of a workshop, Florida Medical Entomology Lab., Vero Beach Fl.

96. DYE C., HASIBEDER G., 1986 – *Population dynamics of mosquito-borne diseases: effects of flies which bite some people more frequently than others.* Trans. Roy. Soc. Trop. Med., Hyg., 80: 69-77.

97. EDMAN J., DAY J., WALKER E., 1985 – « *Vector-host Interplay- Factors affecting disease transmission*». In Lounibos L.P., Rey J., Frank J.H. eds.: Ecology of Mosquitoes, Proceedings of a workshop, Florida Medical Entomology Lab., Vero Beach Fl.

98. FERNANDEZ-SALAS I., ROBERTS D.R., RODRIGUEZ M.H., RODRIGUEZ MDEL C., MARINA-FERNANDEZ C.F., 1993 – *Host selection patterns of Anopheles pseudopunctipennis under insecticide spraying situations in southern Mexico.* J. Am. Mosq. Control Assoc., 9 (4) : 375- 384.

99. FRANCISCHETTI I.M., VALENZUELA J.G., RIBEIRO J.M., 1999 – *Anophelinae: kinetics and mechanism of thrombin inhibition.* Biochemistry, 38: 16678-16685.

100. FRANCISCHETTI I.M., VALENZUELA J.G., PHAM V.M., GARFIELD M.K., RIBEIRO J.M., 2002 – *Toward a catalog for the transcripts and proteins*

(sialome) from the salivary gland of the malaria vector Anopheles gambiae. J. Exp. Biol., 205: 2429-2451.

101.GARROS C., VAN BORTEL W., TRUNG H.D., COOSEMANS M., MANGUIN S., 2006 – *Review of the Minimus Complex of Anopheles, main malaria vector in Southeast Asia: from taxonomic issues to vector control strategies*. Tropical Medicine and International Health, 11 (1): 102-114.

102.GASS R.F., YEATES R.A., 1979 – *In vitro damage of cultured ookinetes of Plasmodium gallinaceum by digestive proteinases from susceptible Aedes aegypti*. Acta Tropica, 36: 243-252.

103.GIBSON G., 1996 – *Genetics, Ecology and behaviour of anophelines*. Ciba Found. Symp., 200 : 22-37.

104.GILLET J.D., 1957 – *Age-analysis in the biting cycle of the mosquito Taenyorhychus (Mansonicides) africanus* Theobald based on the presence of parasitic mites. Ann. Trop. Med. Parasitol., 51: 151-559.

105.GILLIES M.T., 1953 – *The duration of the gonotrophic cycle in Anopheles gambiae and Anopheles funestus, with a note on the efficiency of hand catching*. E. Afr. Med. J., 30: 129-135.

106.GILLIES M.T., 1956 – *A new character for the recognition of nulliparous females of Anopheles gambiae*. Bull. Wld. Hlth. Org., 15 : 451-459.

107.GILLIES M.T., 1958 – *A review of some recent Russian publications on the technique of age determination in Anopheles*. Trop. Dis. Bull., 55: 713-731.

108.GILLIES M.T., 1961 – *Studies on the dispersion and survival of Anopheles gambiae Giles in East Africa, by means of marking and release experiments*. Bull. Ent. Res., 52: 99-127.

109.GILLIES M.T., 1980 – *The role of carbon dioxide in host-finding by mosquitoes (Diptera: Culicidae): a review*. Bull. Ent. Res., 70: 525-532.

110.GILLIES M.T., DE MEILLON B., 1968 – *The Anophelinae of Africa south of the Sahara*. Pub. South Afr. Inst. Med. Res., 54, 343 p.

111.GILLIES M.T., WILKES T.J., 1965 – *A study of the age-composition of populations of Anopheles gambiae Giles and A. funestus Giles in North- Eastern Tanzania*. Bull. Ent. Res., 56: 237-262.

112.GITHEKI K.A., SERVICE M.W., MBOGO M.C., ATIELO K.F., JUMBA O.F., 1994 – *Origin of blood meal in indoor and outdoor resting malaria vectors in western Kenya.* Acta Tropica, 58: 307-316.

113.GOKOOL S., SMITH D.F., CURTIS C.F., 1992 – *The use of PCR to help quantify the protection provided by impregnated bednets.* Parasitol. Today, 8: 347-350.

114.GOUAGNA L.-C., ROBERT V., 1993 – *Les anophèles perçoivent-ils les couleurs* ? Bull. Liais. Doc. OCEAC, 26: 73-74.

115.GUNASEKARAN K., SADANANDNANE C., PARIDA S.K., SAHU S.S., PATRA K.P., JAMBULIGAM P., 1994 – *Observations on nocturnal activity and man-biting habits of malaria vectors, Anopheles fluviatilis, An. annularis and An. culicifacies in the hill tracts of Koraput district, Drissa, India.* South. As. J. Trop. Med., Pub. Hlth., 25 : 187-195.

116.GUTSEVICH A.V., MONCHADSKII A.S., SHTAKEL'BERG A.A., 1974 – *Fauna of the U.S.S.R. Diptera.* Mosquitoes. Family Culicidae. Jerusalem, Israel Program for Scientific Translations, 408 p. (traduction du russe).

117.HABTEWOLDT, PRIOR A., TORR S.J., GIBSON G., 2004 – *Could insecticide-treated cattle reduce Afrotropical malaria transmission ? Effects of deltamethrin-treated Zebu on Anopheles arabiensisbehaviour and survival in Ethiopia.* Med. Vet. Entomol., 8 (4) : 408-417.

118.HACKETT L.W., 1937 – *Malaria in Europe.* London, Oxford University Press.

119.HADDOW A.J., 1945 – *The mosquitoes of Bwamba County, Uganda. II- Biting activity with special reference to the influence of microclimate.* Bull. Ent. Res., 36 : 33-73.

120.HAMON J., 1963 – *Les moustiques anthropophiles de la région de Bobo-Dioulasso (République de Haute-Volta) ; cycles d'agressivité et variations saisonnières.* Ann. Soc. Ent. France, 132 : 85-144.

121.HAMON J., GRJEBINE A., ADAM J.-P., CHAUVET G., COZ J., GRUCHET H., 1961b – *Les méthodes d'évaluation de l'âge physiologique des moustiques [Dipt. Culicidae].* Ann. Soc. Entomol. France, 66 : 137-161.

122.HAMON J., MOUCHET J., 1961 – *Les vecteurs secondaires du paludisme humain en Afrique.* Méd. Trop., 21 : 643-660.

123.HARBACH R.E., 2004 – *The classification of genus Anopheles (Diptera: Culicidae): a working hypothesis of phylogenetic relationships*. Bull. Ent. Res., 94: 537-553.

124. HARBACH, R.E.: *The Culicidae (Diptera): a review of taxonomy, classification and phylogeny*. Zootaxa, 2007.

125.HARBACH R.E., KITCHING I.J., 1998 – *Phylogeny and classification of the Culicidae (Diptera)*. Systematic Entomol., 23 : 327-370.

126.HEALY T.P., COPLAND M.J.W., 1995 – *Activation of Anopheles gambiae mosquitoes by carbon dioxide and human breath*. Med. Vet. Ent., 9 : 331-336.

127.HENRY M.C., ROGIER C., NZEYIMANA I., ASSI S.B., DOSSOU-YOVO J., AUDIBERT M., MATHONNAT J., KEUNDJIAN A., AKODO E., TEUSCHER T., CARNEVALE P., 2003 – *Inland valley rice production systems and malaria infection and disease in the savannah of Côte d'Ivoire*. Tropical Medicine and International Health, 8: 449-458.

128.HERREL N., AMERASINGHE F.P., ENSINK J., MUKHTAR M., VAN DER HOEK W., KONRADSEN F., 2001 – *Breeding of Anopheles mosquitoes in irrigated areas of South Punjab, Pakistan*. Med. Vet. Entomol., 15 : 236-248.

129.HEWITT S., ROWLAND M., 1999 – *Control of zoophilic malaria vectors by applying pyrethroid insecticide to cattle*. Trop. Med. Int. Hlth., 4: 481-486.

130.HII J.L., 1985 – *Evidence for the existence of genetic variability in the tendency of Anopheles balabacensis to rest in house and bite man*. Southeast Asian J. Trop. Med. Public Hlth., 16 : 173-182.

131.HII J.L., BIRLEY M.H., SANG V.Y., 1990 – *Estimation of survival rate and oviposition interval of Anopheles balabacensis mosquitoes from mark-recapture experiments in Sabah, Malaysia*. Med. Vet. Ent., 4 : 135-140.

132.HII J.L., CHEW M., SANG V.Y., MUNSTERMANN J.E., TAN S.G., PANYIM S., YASOTHOMSRIKUL S., 1991 – *Population genetic analysis of host-seeking and resting behaviors in the malaria vector Anopheles balabacensis (Diptera : Culicidae)*. J. Med. Entomol., 28 : 675-684.

133.HOLSTEIN M., 1949 – *Guide pratique de l'anophélisme en A.O.F.* Dakar, Direction générale de la Santé publique, 55 p.

134. HOLSTEIN M.J. : *Biologie d'Anophelesgambiae*. Organisation Mondiale de la Santé, 1954.

135.HOOGENDJIK, J.L. : *Bases de radiologie.* Faculté de Médecine vétérinaire, Université de Lubumbashi, 1983.

136.HORSFALL W.R., PORTER D.A., 1946 – *Biologics of two malaria mosquitoes in New Guinea.* Ann. Entomol. Soc. Am., 39: 549-560.

137.HURLBUT H.S., 1943 – *The Rate of Growth of Anopheles quadrimaculatus in Relation to Temperature.* J. Parasitol., 29: 107.

138.IJUMBA J.N., MOSHA F.W., LINDSAY S.W., 2002a – *Malaria transmission risk variations derived from different agricultural practices in an irrigated area of northern Tanzania.* Med. Vet. Ent., 16 : 28-38.

139.IJUMBA J.N., SHENTON F.C., CLARKE S.E., MOSHA F.W., LINDSAY S.W., 2002b – *Irrigated crop production is associated with less malaria than traditional agricultural practices in Tanzania.* Trans. Roy. Soc. Trop. Med. Hyg., 96: 476-480.

140.JAMES A.A., ROSSIGNOL P.A., 1991 – *Mosquito salivary glands: Parasitological and molecular aspects.* Parasitol. Today, 7: 267-271.

141.JONES M.D.R., 1980 – « *Possible use of chemicals to change the programming of behaviour in adult mosquitoes* ». In: Insect Neurobiology and pesticide action (Neurotax 1979), London Society of Chemical Industry: 253-260.

142.KASAP M., 1986 – *Seasonal variation in populations of Anopheles maculipennis, Anopheles claviger and Culex pipiens in Turkey.* J. Am. Mosq. Control Assoc., 2: 478-481.

143.KELLOGS F.E., 1970 – *Water vapor and carbon dioxid receptors in Aedes aegypti.* J. Ins. Physiol., 16: 99-108.

144.KENAWY M.A., 1991 – *Development and survival of Anopheles pharoensis and An. multicolor from Fayum, Egypt.* J. Am. Mosq. Control Assoc., 7: 551-555.

145.KERE N.K., ARABOLA A., BAKOTE'E B., DALO D., BURKOT T.R., WEBBER R.H., SOUTHGATE B.A., 1996 – *Permethrin-impregnated bednets are more effective than DDT house-spraying to control malaria in Solomon Islands.* Med. Vet. Entomol., 10 : 145-148.

146.KERLIN R.L., HUGHES S., 1992 – *Enzymes in saliva from four parasitic arthropods.* Med. Vet. Ent., 6 : 121-126.

147.KHAN A.A., MAIBACH H.I., 1972 – *A study of insect repellents. 1. Effect on the flight and approach by Aedes aegypti*. J. Econ. Entomol., 65 (5) : 1318-1321.

148.KILLEEN G.F., MAC KENZIE F.E., FOY B.D., BOGH C., BEIER J.C., 2001 – *The availability of potential hosts as a determinant of feeding behaviours and malaria transmission by African mosquito populations*. Trans. Roy. Soc. Trop. Med. Hyg., 95: 469-476.

149.KLINKENBERG E., TAKKEN W., HUIBERS F., TOURÉ Y.T., 2003 – *The phenology of malaria mosquitoes in irrigated rice fields in Mali*. Acta Tropica, 85: 71-82.

150.KNIGHT K.L., STONE A., 1977 – *A catalog of the Mosquitoes of the World (Diptera: Culicidae)*. Washington, Thomas Say Foundation, 611 p.

151.KNOLS B.G.J., 1996 – *A human odor, malaria mosquitoes, and limburger cheese*. Lancet, 34: 1423.

152.KNOLS B.G.J., DE JONG R., TAKKEN W., 1994a – *Trapping system for testing olfactory responses of the malaria mosquito Anopheles gambiae in a wind tunnel*. Med. Vet. Ent., 8 : 386-388.

153.KNOLS B.G.J., TAKKEN W, DE JONG R., 1994b – *Influence of human breath on selection of biting sites by Anopheles albimanus*. J. Mosq. Control Assoc., 10: 423-426.

154.KOELLA J.C., 1999 – *An evolutionary view of the interactions between Anophelinae mosquitoes and malaria parasites*. Microbes, Infection, 1: 303-308.

155.KOELLA J.C., PARKER M.J., 1996 – *Malaria parasites enhance blood-feeding of their naturally infected Anopheles punctulatus*. Parasitology, 113: 105-109.

156.KONATÉ L., DIOP A., SY N., FAYE N.M., DENG Y., IZRI A., FAYE O., MOUCHET J., 2001 – *Comeback of Anopheles funestus in Sahelian Senegal*. Lancet, 358 : 336

157.KOYABIZO A., IKOKO B., LEMA N., 2007 – *Détection de la source hématique par le moustique Anophèle*. Cahier de Santé de l'Université de Tours (Faculté de Médecine), France.

158.LAARMAN J.J., 1958 – *Research on the ecology of Culicinae mosquitoes in a forest region of the Belgian Congo*. Acta Leidensia, 2: 94-98.

159. LACLAVERE, G. : *Les atlas Jeune Afrique : République du Zaïre.* Jeune Afrique, Paris, 1978.

160. LANTOARILALA J., RIBES G.C., MOUCHET J., 1998 – *Impact de la lutte anti-vectorielle sur la morbidité et la mortalité palustres dans un district sanitaire des Hautes Terres de Madagascar.* Bull. Soc. Path. Exot., 91 : 87-90.

161. LAVENTURE S., MOUCHET J., BLANCHY S, MARRAMA L., RABARISON P., ANDRIANAIVOLAMBO L., RAJAONARIVELO E., RAKOTOAROVORY I, ROUX J., 1966 – *Le riz source de vie et de mort sur les plateaux de Madagascar.* Cah. Santé, 6: 79-86.

162. LEHANE M.J., 1991 – *Biology of blood-sucking insects.* London, Harper Collins Academic, 288 p.

163. LEMASSON J.J., FONTENILLE D., LOCHOUARN L., DIA I., SIMARD F., BA K., DIOP A., DIATTA M., MOLEZ J.F., 1997 – *Comparison of behaviour and vector efficiency of Anopheles gambiae and An. arabiensis (Diptera : Culicidae) in Barkedji, a Sahelian area of Senegal.* J. Med. Entomol., 34: 396-403.

164. LE SUEUR D., SHARP B.L., 1991 – *Temperature- dependent variation in Anopheles merus larval head capsule width and adult wing length: implication for Anophelinae taxonomy.* Journal of Medical Entomology, 5: 55-62.

165. LINDSAY S.W., ANSELL J., SELMAN C., COX V., HAMILTON K., WALVAREN G.E.L., 2000 – *Effect of pregnancy on exposure to malaria mosquitoes.* Lancet, 355: 1972.

166. LINES J.D., LYIMO E.O., CURTIS C.D., 1986 – *Mixing of indoor and outdoor resting adults of Anopheles gambiae Giles s.l. and An. funestus Giles (Diptera : Culicidae) in coastal Tanzania.* Bull. Ent. Res., 76: 171-178.

167. MAC CALL P.J., MOSHA F.W., NJUNWA K.J., SHERLOCK K., 2001 – *Evidence for memorized site fidelity in Anopheles arabiensis.* Trans. Roy. Soc. Trop. Med., Hyg., 95 : 587-590.

168. MACDONALD G., 1957 – *The epidemiology and control of malaria.* London, New York, Toronto, Oxford University Press.

169. MAIBACH H.I., SKINNER W.A., STRAUSS W.G., KHAN A.A., 1966 – *Factors that attracts and repel mosquitoes in human skin.* J. Am. Med. Assoc., 196 : 173-176.

170.MALDAGUE, M., MANKOTO, S., RAKOTOMAVO, T. : *Notions d'aménagement et de développement intégrés des forêts tropicales.* UNESCO, Paris, 1997.

171.MALDAGUE, M. : *Précis d'aménagement intégré du territoire. Analyse systémique appliquée à l'aménagement et à la gestion du territoire, des établissements humains et des ressources naturelles.* ERAIFT/UNESCO, Paris, 2001.

172.MANGUIN S., ROBERTS D.R., ANDRE R.G., REJMANKOVA E., HAKRE S., 1996a – *Characterization of Anopheles darlingi (Diptera : Culicidae) larval habitats in Belize, Central America.* J. Med. Entomol., 33: 205-211.

173.MARCOVITCH S., 1941 – *New data on the biology of A. bifurcatus (observations in north Caucasus).* Med. Parazitol., Parazit. Bolezni (Moskva), 10: 24-34.

174.MARINUCCI M., ROMI R., MANCINI P., DILUCA M., SEVERINI C., 1999 – *Phylogenetic relationships of seven palearctic members of the maculipennis complex inferred from ITS2 sequence analysis.* Insect Molecular Biology, 8 (4): 469-480.

175.MARTINI E., 1923 – *Uebereinigefür das System bedeutungsvolleMerkmale der Stechmucken.* Zool. Jber. 46, Abd. Systematik: 517-590.

176.MAYER M.S., JAMES J.D., 1969 – *Attraction of Aedes aegypti (L.): responses to human arms, carbon dioxide, and air current in a new type of olfactomater.* Bull. Ent. Res., 58: 629-642.

177.MAYNE B., 1930 – *A Study of the Influence of Relative Humidity on the Life and Infectibility of the Mosquito.* Indian J. M. Research, 17: 1119.

178.MCGREGOR I.A., WILSON M.E., BILLEWICZ W.Z., 1983 – *Malaria infection of the placenta in The Gambia, West Africa; its incidence and relationship to stillbirth, birth weight and placenta weight.* Trans. Roy. Soc. Trop. Med., Hyg., 77 : 323-244.

179. MEDLOCK, J.M. and al.: *Vector-borne and zoonotic diseases; a review of invasive mosquitoes in Europe: ecology, public health risks, and control options.* Vector-borne Review, 2012.

180.MEIJERINK J., VAN LOON J.J.A., 1999 – *Sensitivities of antennal olfactory neurons of the malaria mosquito, Anopheles gambiae, to carboxylic acids.* J. Ins. Physio., 45: 365-373.

181.MENENDEZ C., 1995 – *Malaria during pregnancy: a priority area of malaria research and control.* Parasitol. Today, 11: 178-183.

182.MER G.G., 1932 – *The Determination of the age of Anopheles by differences in the size of the common oviduct.* Bull. Ent. Res., 23: 563.

183.MER G.G., 1936 – *Experimental study on the development of the ovary in Anopheles elutus, Edw. (Dipt. Culic.).* Bull. Ent. Res., 27: 351- 359.

184.METCALF R.L., 1945 – *The physiology of the salivary glands of Anopheles quadrimaculatus.* J. Natl. Malaria Soc., 4: 271-278.

185. MEYER, C.: *Dictionnaire des Sciences animales.* Ed. Sc., Montpellier (France), 2015.

186.MICHAEL E., RAMAIAH K.D., HOTI S.L., BARKER G., PAUL M.R., YUVARAJ J., DAS P.K., GRENFEL B.T., BUNDY D.A., 2001 – *Quantifying mosquito biting patterns on humans by DNA fingerprinting of bloodmeals.* Am. J. Trop. Med., Hyg., 65 : 722-728.

187.MILLER J.E., GIBSON G., 1994 – *Behavioural response of host-seeking mosquitoes (Diptera: Culicidae) to insecticide-impregnated bed net: a new approach to insecticide bioassays.* J. Med. Ent., 31: 114-122.

188.MNZAVA A.E.P., RWEGOSHORA R.T., WILKES T.J., TANNER M., CURTIS C.F., 1995 – *Anopheles arabiensis and An. gambiae chromosomal inversions polymorphism, feeding and resting behaviour in relation to insecticide house-spraying in Tanzania.* Med. Vet. Ent., 9 : 316-324.

189.MOHAMMED H.A., 1997 – *The responses of malarial mosquito Anopheles gambiae s.s. to components of human odour.* London UK, MSc Thesis, University of London.

190.MOUCHET J., 1962 – *Influence des fleuves sur la biologie d'Anophelesgambiae pendant la saison sèche dans le Sud-Cameroun.* Bull. Soc. Path. Exot., 55 : 1163-1171.

191.MOUCHET J., 1998 – *L'origine des épidémies de paludisme sur les plateaux de Madagascar et les montagnes d'Afrique de l'Est et du Sud.* Bull. Soc. Path. Exot., 91 : 64-66.

192.MOUCHET J., 1999 – *Vecteurs et facteurs d'environnement du paludisme.* Tranfus. Clin. Biol., 6: 35-43.

193.MOUCHET J., BLANCHY S., RAKOTONJANABELO A., RANAIVOSON G., RAJAONARIVELO E., LAVENTURE S., ROSELLA M., AKNOUCHE F., 1993 – *Stratification épidémiologique du paludisme à Madagascar*. Arch. Inst. Pasteur Madagascar, 60 : 50-59.

194.MOUCHET J., BRENGUES J., 1990 – *Les interfaces agriculture-santé dans les domaines de l'épidémiologie des maladies à vecteurs et de la lutte anti-vectorielle*. Bull. Soc. Path. Exot., 83 : 376- 393.

195.MOUCHET J., CARNEVALE P., COOSEMANS M., JULVEZ J., MANGUIN S., RICHARD-LENOBLE D., SIRCOULON J., 2004 – *Biodiversité du paludisme dans le monde*. Montrouge, John Libbey Eurotext, 428 p.

196.MOUCHET J., FAYE O., JULVEZ J., MANGUIN S., 1996 – *Drought and malaria retreat in the Sahel, West Africa*. The Lancet, 348: 1735- 1736.

197.MOUCHET J., MANGUIN S., SIRCOULON J., LAVENTURE S., FAYE O., ONAPA A.W., CARNEVALE P., JULVEZ J., FONTENILLE D., 1998 – *Evolution of malaria for the past 40 years : impact of climatic and human factors*. J. Am. Mosq. Control Assoc., 14: 121-130.

198.MUIRHEAD-THOMSON R.C., 1951 – *Mosquito behaviour in relation to malaria transmission and control in the Tropics*. Arnold London.

199.MUTURI E.J., MURIU S., SHILILU J., MWANGANGI J., JACOB B.G., MBOGO C., GITHURE J., NOVAK R.J., 2008 – *Effect of rice cultivation on malaria transmission in Central Kenya*. Am. J. Trop. Med. Hyg., 78: 270-275.

200.NACHTIGALL W., 1974 – *Insects in flight*. New York, Mc Graw-Hill.

201.NICHOLSON A.J., 1921 – *The development of the ovary and ovarian egg of a mosquito, Anopheles maculipennis*, Meig. Quart. J. Micr. Sc., 65: 396.

202.NIELSEN E.T., HAEGER J.S., 1960 – *Swarming and mating in mosquitos*. Miscellaneous Publications of the Entomological Society of America, 1: 71-95.

203.OKECH B.A., GOUAGNA L.C., YAN G., GITHURE J.I., BEIER J.C., 2007 – *Larval habitats of Anopheles gambiae s.s. (Diptera : Culicidae) influence vector competence to Plasmodium falciparum parasites*. Malaria J., 6: 50.

204.OKITOLONDA, W. : *Planification nutritionnelle et sanitaire*. ERAIFT/UNESCO, Université de Kinshasa, 2000.

205.OMER S.M., CLOUDSLEY-THOMSON J.L., 1970 – *Survival of female Anopheles gambiae Giles through a 9-month dry season in Sudan*. Bull. Wld. Hlth. Org., 42: 319-330.

206.PICKETT J.A., WOODCOCK C.M., 1996 – « *The role of mosquito olfaction in oviposition site location and in the avoidance of unsuitable hosts*». In Bock R.G., Cardew G., eds.: Olfaction in Mosquito-Host Interactions, CIBA Foundation Symposium 200, J. Wiley, Sons Ltd, Chichester, UK: 109-123.

207.PORT G.R., BOREHAM P.F.L., BRYAN J.H., 1980 – *The relationship of host size to feeding by mosquitoes of the Anopheles gambiae Giles complex (Diptera : Culicidae)*. Bull. Ent. Res., 70: 133-144.

208.PROFT J., MAIER W.A., KAMPEN H., 1999 – *Identification of six sibling species of the Anopheles maculipennis complex (Diptera: Culicidae) by a polymerase chain reaction assay*. Parasitol. Res., 85: 837-843.

209.QUIÑONES M.L., LINES J.D., THOMSON M.C., JAWARA M., MORRIS J., GREENWOOD B.M., 1997 – *Anopheles gambiae gonotrophic cycle duration, biting and exiting behaviour unaffected by permethrin-impregnated bednets in The Gambia*. Med. Vet. Ent., 11: 71-78.

210.REINERT J.F. – *Revisited list of abbreviations for genera and subgenera of Culicidae (Diptera) and notes on generic and subgeneric changes*. J. Am. Mosq. Control Assoc., 2001, 1: 51-55.

211.RIBEIRO J.M., 1995 – *Blood-feeding arthropods: live syringes or invertebrates pharmacologists*? Infectious Agents and Disease, 4: 143-152.

212.RIBEIRO J.M.C., ROSSIGNOL P.A., SPIELMAN A., 1985 – *Salivary gland apyrase determines probing time in anopheline mosquitoes*. J. Ins. Physiol., 31: 89-692.

213.RICCI I., SANTOLAMAZZA F., COSTANTINI C., FAVIA G., 2002 – *Molecular characterization and chromosomal mapping of transcripts having tissu-specific expression in the malaria mosquito Anopheles gambiae: possible involvement in visual or olfactory process*. Parasitol. Res., 88: 1-8.

214.ROBERT V., GAZIN P., CARNEVALE P., 1989 – « *De la difficulté de prévoir les répercussions sanitaires des aménagements hydroagricoles : le cas du paludisme dans la rizière de la vallée du Kou* ». In Eldin M., Melville P., éd. : Le risque en agriculture, Paris, Orstom, coll. À travers champ : 541-543.

215.ROMI R., BOCCOLINI D., DILUCA M., LAROSA G., MARINUCCI M., 2000 – *Identification of the sibling species of the Anopheles maculipennis complex by heteroduplex analysis.* Insect Mol. Biol., 9: 509-513.

216.ROSS R., 1897 – *On some peculiar pigmented cells found in two mosquitoes fed on malarial blood.* Brit. Med. J., 18: 1786-1788.

217.ROSSIGNOL P.A., RIBEIRO J.M.C., SPIELMAN A., 1984 – *Increased intradermal probing time in sporozoite-infected mosquitoes.* Am. J. Trop. Med., Hyg., 33 : 17-20.

218.ROSSIGNOL P.A., RIBEIRO J.M.C., SPIELMAN A., 1986 – Increased biting rate and reduced fertility in sporozoite-infected mosquitoes. Am. J. Trop. Med., Hyg., 35 : 277-279.

219.ROUBAUD E., 1918 – *Recherches sur la transmission du paludisme par les anophèles français de régions non palustres (Yonne et région parisienne).* Annales de l'Institut Pasteur, 10: 430-462.

220.RUSSELL P.F., KNIPE F.W., RAO T.R., PUTNAM P., 1944 – *Some experiment on flight range of Anopheles culicifacies.* J. Exp. Zool., 97: 135-163.

221.RUSSELL P.F., RAO T.R., 1942 – *On the swarming mating and oviposition behaviour of Anopheles culicifacies.* Am. J. Trop. Med., 22: 417-427.

222.RUSSELL P.F., WEST L.S., MANWELL R.D., MACDONALD G., 1963 – *Practical malariology.* 2nd edition, London, Oxford Univ Press.

223.SAMARAWICKREMA W.A., PARKINSON A.D., KERE N., GALO O., 1992 – *Seasonal abundance and biting behaviour of Anopheles punctulatus and An. koliensis in Maloita Province, Solomon Islands, and a trial of permethrin-impregnated bednets against malaria transmission.* Med. Vet. Ent., 6 : 371-378.

224.SCHLEIN Y., GRATZ N.G., 1973 – *Age determination of some Anophelinae mosquitoes by daily growth layers of skeletal apodemes.* WHO/MAL/73-800, WHO/VBC/73-435.

225.SCHWARZENSTEJN, B. : *Eléments de radio-isotopes.* Faculté de Médecine vétérinaire, Université de Lubumbashi, 1982.

226.SELLA M., 1920 – *Relazionedella campagna antianofelica di Fiumicino (1919) con specialeriguardoallabiologiadegliAnofeli ed agliAnofeliinfetti.* Ann. Igiene 30: supplemento 85.

227.SERVICE M.W., 1971 – *Feeding behaviour and host-preference of British mosquitoes*. Bull. Ent. Res., 60: 653-661.

228.SERVICE M.W., 1980 – *A guide to medical entomology*. Macmillan Press Ltd. p. 404.

229.SHARP L.B., LE SUEUR L.D., 1991 – *Behavioural variation of Anopheles arabiensis (Diptera: Culicidae) population in Natal, South Africa*. Bull. Ent. Res., 81: 107-110.

230.SHILILU J.I., GRUEBER W.B., MBOGO C.M., GITHURE J.I., RIDDIFORD L.M., BEIER J.C., 2004 – *Development and survival of Anopheles gambiae eggs in drying soil: influence of the rate of drying, egg age, and soil type*. J. Am. Mosq. Ctrl. Assoc., 20: 243-247.

231.SHIRAI Y., FUNADA H., KAMIMURA K., SEKE T., MOROSHASHI M., 2002a – *Landing site on the human body preferred by Aedes albopictus*. J. Mosq. Control Assoc., 18: 97-99.

232.SHIRAI Y., TSUDA T., KITAGAWA S., NAITOH K., SEKI T., KAMIMURA K., MOROHASHI M., 2002b – *Alcohol ingestion stimulates mosquito attraction*. J. Am. Mosq. Control Assoc., 18: 91-96.

233.SHLENOVA M.F., 1938 – *Vitesse de la digestion du sang par la femelle de l'Anophelesmaculipennismessae aux températures effectives constantes*. Med. Parasitol., Moscow, 7: 716-735 [en russe, avec un résumé en français].

234.SIMSEK F.M., 2006 – [*Investigation of the ecological characteristics of the Malaria vector species Anopheles claviger (Diptera: Culicidae) in Sanliurfa (Siverek)*]. TurkiyeParazitol. Derg., 30: 115-120.

235.SMITH C.N., SMITH N., GOUCK H.K., WEIDHAUS D.E., GILBERT I.H., MAYER M.S., SMITTLE B.J., HOFBAUER A., 1970 – *L-lactic acid as a factor in the attraction of Aedes aegypti (Diptera: Culicidae) to human hosts*. Ann. Entomol. Soc. Am., 63: 760-770.

236.STEKETEE R.W., NAHLEN B.L., PARISE M.E., MENENDEZ C., 2001 – *The burden of malaria in pregnancy in malaria-endemic areas*. Am. J. Trop. Med. Hyg., 64: 28-35.

237.SWELLENGREBEL N.H., 1929 – *La dissociation des fonctions sexuelles et nutritives (dissociation gonotrophique) d'Anophelesmaculipennis comme cause du paludisme dans les Pays-Bas et ses rapports avec l'infection domiciliaire.* Ann. Inst. Pasteur, 43 : 1370.

238.TAKKEN W., DEKKER T., WIJNHOLDS Y.G., 1997 – *Odor-mediated flight behavior of Anopheles gambiae Giles sensustricto and An. stephensi Liston in response to CO2, acetone and 1-octen-2-ol (Diptera : Culicidae).* J. Ins. Beh., 10: 395-407.

239.TAKKEN W., KNOLS B.G., 1999 – *Odor-mediated behavior of Afrotropical malaria mosquitoes.* Ann. Rev. Ent., 44: 131-157.

240.TAKKEN W., VAN LOON J.J., ADAM W., 2001 – *Inhibition of the host-seeking response and olfactory responsiveness on Anopheles gambiae following bloodfeeding.* J. Insect. Physiol., 47: 303-310.

241.THOMSON R.C.M., 1938 – *The reactions of mosquitoes to temperature and humidity.* Bull. Ent. Res., 29: 125.

242.TRIPET F., TOURÉ Y.T., DOLO G., LANZARO G.C., 2003 – *Frequency of multiple inseminations in field-collected Anopheles gambiae females revealed by DNA analysis of transferred sperm.* Am. J. Trop. Med. Hyg., 68: 1-5.

243.TRUNG H.D., BORTEL W.V., SOCHANTHA T., KEOKENCHANH K., BRIET O.J., COOSEMANS M., 2005 – *Behavioural heterogeneity for Anopheles species in ecologically different localities in Southeast Asia: a challenge for vector control.* Trop. Med. Int. Hlth., 10: 251-261.

244. VAISANEN, R., HELIOVAARA, K.: *Hot-spots of insect diversity in Northern Europe.* Annales ZoologiciFennici, 1994.

245.VAN DEN BROEK I.V.F., DEN OTTER C.J., 2000 – *Odor sensitivity of antennal olfactory cells underlying grooved pegs of Anopheles gambiae s.s. and An. quadriannulatus.* Ent. Exp. App., 96: 167-175.

246.VAUGHAN J.A., NODEN B.H., BEIER J.C., 1991 – *Concentration of human erythrocytes by anopheline mosquitoes (Diptera: Culicidae) during feeding.* J. Med. Ent., 28: 780-786.

247.VERCRUYSSE J., 1983 – *Évaluation de la durée du cycle gonotrophique d'Anophelesarabiensis dans une zone urbaine (Pikine, Sénégal).* Cah. Orstom, sér. Ent. Méd. Parasitol., XXI (2) : 83-90.

248. VERHOEFF F.H., BRABIN B.J., CHIMSUKU L., KAZEMBE P., BROHEAD R.L., 1999 – *Malaria in pregnancy and its consequence for the infant in rural Malawi.* Ann. Trop. Med. Hyg., 93 : S25-S33.

249. WANSON, M. : *Une technique simple d'élevage des moustiques Taeniorhynchus*. Rev. Zool., 1949.

250. WEKESA J.W., COPELAND R.S., MWANGI R.W., 1992 – *Effect of Plasmodium falciparum on blood feeding behaviour of naturally infected Anopheles mosquitoes in Western Kenya.* Am. J. Trop. Med. Hyg., 47: 484-488.

251. WEKESA, J.W.B., YUVAL, B., WASHINO, R.K.: *Spatial distribution of adult mosquitoes (Diptera: Culicidae) in habitats associated with the rice agro-ecosystem of Northern California.* Journal of Medical Entomology, 1996.

252. WERNSDORFER W.H., MCGREGOR J.: *Malaria Principles and Practices of Malariology*. Churchill Livingstone Longman Group, UK LH, 1988.

253. WHITE G.B., 1985 – *Anopheles bwambae sp. n., a malaria vector in the Semliki Valley, Uganda, and its relationships with other sibling species of the An. gambiae complex (Diptera : Culicidae)*. Systematic Entomology, 10: 501-522.

254. WRIGHT K.A., 1969 – *The anatomy of salivary glands of Anopheles stephensi* Liston. Can. J. Zool., 47: 579-587.

255. YOSHIDA S., SUDO T., NIIMI M., TAO L., SUN B., KAMBAYASHI J., WATANABE H., LUO E., MATSUOKA H., 2008 – *Inhibition of collagen-induced platelet aggregation by anopheline anti-platelet protein, a saliva protein from a malaria vector mosquito*. Blood, 111 (4) : 2007-2014.

256. ZOULANI A., CARNEVALE P., PENCHENIER L., 1994 – *Influence des moustiquaires imprégnées de deltaméthrine sur le cycle d'agressivité d'Anophelesgambiae à Djoumouna, Congo.* Ann. Soc. Belge Méd. Trop., 74 (2): 83-891.

257. MICROSOFT ® ENCARTA ® 2009. © 1993-2008 Microsoft Corporation.

Liste non exhaustive des espèces d'*Anopheles*

- *Anophelesacanthotorynus* (Komp, 1937)
- *Anophelesalbimanus* (Wiedemann, 1820)
- *Anophelesalbitarsis* (Lynch Arribalzaga)
- *Anophelesamictus* (Edwards)
- *Anophelesannulipalpis* (Lynch Arribalzaga, 1878)
- *Anophelesanomalophyllus* (Komp, 1936)
- *Anophelesantunesi* (Galvao et Amaral, 1940)
- *Anophelesapicimacula* (Dyar et Knab, 1906)
- *Anophelesaquasalis* (Curry, 1932)
- *Anophelesarabiensis* (Patton, 1905)
- *Anophelesargyritarsis* (Robineau-desvoidy, 1827)
- *Anopheles atropos* (Dyar et Knab, 1906)
- *Anophelesaztecus* (Hoffmann, 1935)
- *Anophelesbambusicolus* (Komp, 1937)
- *Anophelesbarberi* (Coquillett, 1903)
- *Anophelesbellator* (Dyar et Knab, 1906)
- *Anophelesbenarrochi* (Gabaldon, Cova-gar. et Lop, 1941)
- *Anophelesboliviensis* (Theobald, 1905)
- *Anophelesbonnei* (Fonseca et Ramos, 1939)
- *Anophelesbradleyi* (King, 1939)
- *Anophelesbraziliensis* (Chagas, 1907)
- *Anophelesbustamentei* (Galvao, 1955)
- *Anophelescanorii* (Flock et Abonnene, 1945)
- *Anophelescarnevalei* (Brunhes, Le Goff et Geoffroy, 1999)
- *Anophelescrucians* (Wiedemann, 1828)
- *Anophelescruzii* (Dyar et Knab, 1908)
- *Anophelesdarlingi* (Root, 1926)
- *Anophelesearlei* (Vargas, 1943)
- *Anopheleseiseni* (Coquillett, 1902)
- *Anophelesevandroi* (Lima, 1937)
- *Anophelesevansae* (Brethes, 1926)
- *Anophelesfarauti* (Laversan)
- *Anophelesfausti* (Vargus, 1943)
- *Anophelesfluminensis* (Root, 1927)
- *Anophelesfranciscanus* (Mccracken, 1904)

- *Anophelesfreeborni* (Aitken)
- *Anophelesfunestus*
- *Anophelesgabaldoni* (Vargus, 1941)
- *Anophelesgalvaoi* (Causay, Deane et Deane, 1943)
- *Anophelesgambiae s.str.*[16] (Giles, 1902)
- *Anophelesgeorgianus* (King, 1939)
- *Anophelesgilesi* (Peryassu, 1908)
- *Anophelesgomezdelatorrei* (Levi-castillo, 1955)
- *Anophelesgrabhami* (Theobald)
- *Anophelesguarao* (Anduze et Capdevielle, 1949)
- *Anopheleshectoris* (Giaquinto-Mira, 1931)
- *Anopheleshomunculus* (Komp, 1937)
- *Anophelesininii* (Senevet et Abonnenc, 1938)
- *Anophelesintermedius* (Peryassu, 1908)
- *Anophelesjudithae* (Zavortink, 1969)
- *Anopheleskompi* (Edwards, 1030)
- *Anopheleslanei* (Galvao et Amaral, 1938)
- *Anopheleslutzii* (Cruz, 1901)
- *Anophelesmaculipes* (Theobald, 1903)
- *Anophelesmattogrossensis* (Lutz et Neiva, 1911)
- *Anophelesmediopunctatus* (Theobald, 1903)
- *Anophelesmelas* (Theobald, 1903)
- *Anophelesmerus* (Donitz, 1902)
- *Anopheles minor* (Lima, 1929)
- *Anophelesneivai* (Dyar et Knab, 1913)
- *Anophelesneomaculipalpus* (Curry, 1932)
- *Anophelesnigritarsis* (Chagas, 1907)
- *Anopheles nimbus* (Theobald, 1902)
- *Anophelesnoroestensis* (Galvao et Lane, 1937)
- *Anophelesnuneztovari* (Galaldon, 1940)
- *Anopheles occidentalis* (Dyar et Knab, 1906)
- *Anophelesoiketorakras* (Osorno-Mesa, 1947)
- *Anophelesoswaldoi* (Peryassu, 1922)
- *Anophelesovengensis* (Awono et al, 2004)
- *Anophelesparapunctipennis* (Martini, 1932)
- *Anophelesparvus* (Chagas, 1907)
- *Anophelesperplexens* (Ludlow, 1907)

- *Anophelesperyassui* (Dyar et Knab, 1908)
- *Anophelespictipennis* (Philippi, 1865)
- *Anophelespseudomaculipes* (Peryassu, 1908)
- *Anophelespseudopunctipennis* (Theobald, 1901))
- *Anophelespseudotibiamaculatus* (Galvao et Barretto, 1941
- *Anophelespunctimacula* (Dyar et Knab, 1906)
- *Anophelespunctipennis* (Say, 1823)
- *Anophelespunctulatus*
- *Anophelesquadriannulatus* (Theobald, 1911)
- *Anophelesquadrimaculatus* (Say, 1824)
- *Anophelesrachoui* (Galvao, 1952)
- *Anophelesrangeli* (Gabald., Covo-gar. et Lopez, 1940)
- *Anophelesrondoni* (Neiva et Pinto, 1922)
- *Anopheleszboubii* (Eichinger et al, 1985)
- *Anophelessanctielii* (Senevet et Abonnenc, 1938)
- *Anophelesshannoni* (Davis, 1931)
- *Anophelessquamifemur* (Antunes, 1937
- *Anophelesthomasi* (Shannon, 1933)
- *Anophelestibiamaculatus* (Neiva, 1906)
- *Anophelestriannulatus* (Neiva et Pinto, 1922)
- *Anophelesvargasi* (Gabald., Covo-gar. et Lopez, 1941)
- *Anophelesvestitipennis* (Dyar et Knab, 1906)
- *Anopheleswalkeri* (Theobald, 1901)
- *Anophelesxelajuensis* (Leon, 1938)

Table des figures et photographies

Table des matières

CERSA-BYBLOS

Travaux de lecture, correction et
mise en pages conduits par
CERSA – Fondation
Centre d'Etudes et de Recherche
en Sciences Animales

KINSHASA 1
Rép. Démocratique du Congo
e-mail : cersa_fondation@yahoo.fr
Facebook/cersafondation

SCIENCES DE LA VIE
AUX ÉDITIONS L'HARMATTAN

Dernières parutions

FLORE ET FAUNE DU NIGER ET DES PAYS VOISINS
Ibrahim Najada
Cet ouvrage présente plus de 370 espèces d'animaux et de plantes, qui permettent de mieux comprendre la faune et la flore du Niger et des pays limitrophes. Comblant un vide dans plusieurs disciplines, les chercheurs y trouveront des réponses appropriées aux multiples interrogations qui touchent l'environnement dans un contexte sahélien (nombreuses photos couleur).
(284 p., 45 euros)
ISBN : 978-2-343-14189-3, EAN EBOOK : 9782140095818

LE GRAND TREMBLEMENT DE TERRE DE CALABRE ET DE MESSINE (1783)
Jean-Paul Poirier, Membre de l'Académie des sciences
En 1783, la Calabre fut frappée par un grand tremblement de terre. Bien qu'il ait sans doute été plus dévastateur que le séisme de Lisbonne en 1755, il est moins connu que celui-ci. Cependant, c'est le premier à avoir été étudié scientifiquement sur le terrain, en particulier par William Hamilton, connaisseur du Vésuve, et par le minéralogiste Déodat de Dolomieu. Le présent ouvrage vise à faire connaître ce grand événement de l'histoire européenne au public français, à partir des documents italiens.
(152 p., 16,5 euros)
ISBN : 978-2-343-14215-9, EAN EBOOK : 9782140069444

THÉORIE DES SIGNATURES VÉGÉTALES AU REGARD DE LA SCIENCE
Guy Ducourthial
Cet ouvrage complète la « Flore médicale des signatures ». Imaginée au XVIe siècle par Paracelse, la Théorie des signatures était proposée comme une méthode nouvelle pour faciliter les recherches des plantes médicinales dans la nature. Selon cette théorie, les plantes avec ces propriétés étaient marquées d'un signe aisément perceptible, une analogie entre ses parties et le corps humain ou entre une couleur et une humeur. L'auteur s'appuie sur les résultats de la recherche pour argumenter à l'encontre de cette théorie.
(242 p., 24,5 euros)
ISBN : 978-2-343-12505-3, EAN EBOOK : 9782140050817

LE DUALISME ANTIRÉALISTE ET SEMI-EMPIRIQUE DE BERNARD VIDAL
De l'apeiron d'Anaximandre aux maîtres de la quantique et à l'empirisme de van Fraassen
Fallander Kaltcharel
Bernard Vidal axiomatise l'Être, l'Indéterminé, en deux hypostases, métaphore athée du monothéisme trinitaire. Elles s'imprègnent, donnant le réel, dont l'esprit qui détermine l'Être en divers. Esprit et matière se forment l'un l'autre. Il n'y a donc pas d'en soi, pas de rationnel absolu, pas d'unicité du modèle en recherche : au terme de sa quête l'esprit se retrouve lui-même.
(Coll. Ouverture Philosophique, 284 p., 28 euros)
ISBN : 978-2-343-12048-5, EAN EBOOK : 9782140038976

LA CATASTROPHE DE LA MONTAGNE PELÉE

Un autre regard

Jean-Paul Poirier

Le volcan de la Montagne Pelée, à la Martinique, explosa le 8 mai 1902, faisant 29 000 morts. Dans cet ouvrage, l'auteur s'intéresse à la façon dont cette catastrophe a été perçue dans la presse parisienne. Il aborde aussi l'accueil du désastre aux États-Unis, qui ont, les premiers, envoyé des secours et une mission scientifique. Enfin, il aborde le problème des controverses sur la recherche des responsabilités et l'attitude des autorités, problème qui reste d'actualité pour l'avenir. Les sources originales utilisées ici n'ont que très rarement ou jamais été citées.

(168 p., 18 euros)

ISBN : 978-2-343-10711-0, EAN EBOOK : 9782140034053

LES TEMPÉRATURES ET L'EFFET DE SERRE

Essai sur l'histoire et l'avenir du climat

Alain Giret

L'atmosphère régule les températures terrestres par effet de serre, mais la Terre a toujours connu des canicules et des glaciations. Depuis 1000 ans, une période chaude (vers l'An Mil) précéda le Petit Age Glaciaire (1550-1850). Depuis 1970 ans, la Terre s'est fortement réchauffée. Pourquoi ? Les uns accusent le rejet massif de gaz à effets de serre, d'autres évoquent une suite de processus naturels. La science paraît dépassée par les passions pour faire la part entre nature et anthropisation.

(Coll. Acteurs de la Science, 192 p., 21 euros)

ISBN : 978-2-343-11448-4, EAN EBOOK : 9782140033148

PLASTICITÉ ET INSTABILITÉ DÉVELOPPEMENTALE

Concept en biologie

Exemple des végétaux

Sébastien Varin

La plasticité est une idée introduite par Woltereck en 1909, juste après la séparation conceptuelle du génotype et du phénotype par Johannsen. Depuis, le caractère plastique des traits et le caractère évolutif du phénomène de plasticité ont été négligés. Or, Darwin l'avait prédit en signalant qu'il n'avait pas suffisamment insisté sur le rôle de l'environnement dans sa théorie de l'évolution. Cette étude est basée sur une rétrospective clarifiée du concept de Plasticité dans le monde animal et végétal. Cette synthèse correspond au premier point d'une étude constituée de quatre tomes.

(290 p., 30 euros)

ISBN : 978-2-343-10046-3, EAN EBOOK : 9782140031472

LE DROIT DU BIEN-ÊTRE ANIMAL DANS LE MONDE

Évolution et universalisation

Sabine Brels

En ce début de XXIe siècle, les consciences s'éveillent de plus en plus à la protection des animaux. La société reconnaît aujourd'hui la sensibilité de ces êtres vivants et le droit à la protection de leur bien-être contre les souffrances évitables qui leur sont infligées. Un tournant s'opère et modifie profondément notre rapport aux animaux dans la société comme dans le droit. Cet ouvrage fait état de la protection juridique du bien-être animal à l'échelle mondiale et de la possibilité d'établir une protection universelle à l'ONU.

(Coll. Le Droit aujourd'hui, 500 p., 42 euros)

ISBN : 978-2-343-10666-3, EAN EBOOK : 9782140032011

IMPLICATION DES BACTÉRIES SOLVANTOGÈNES ET RHIZOBACTÉRIES ÉMETTRICES DE COV DANS LES CHANGEMENTS GLOBAUX ET LA PLASTICITÉ

Sébastien Varin

Les composés organiques volatils participent à des phénomènes perturbant les équilibres de l'atmosphère et contribuent aux changements globaux. Ils sont surtout émis par les sources Biogènes. Ce livre est le quatrième point d'une étude composée de quatre tomes. Il s'intègre parfaitement dans une optique philosophique de Biomimétisme. Il présente : les connaissances actuelles des échanges d'informations médié par des volatils entre les bactéries, les plantes et mammifères comme l'homme, et enfin, les perspectives techniques du concept de Plasticité des organismes dans ce contexte de changements globaux.

(542 p., 45 euros)

ISBN : 978-2-343-10043-2, EAN EBOOK : 9782140032646

RHIZOBACTÉRIES ET PGPR ÉMETTRICES DE COMPOSÉS ORGANIQUES VOLATILS ET IMPLICATION PERMACULTURALE-AGRO-ÉCOLOGIQUE

Sébastien Varin

Les systèmes agricoles durables (Biodynamie, Agroforesterie, AgroEcologie et Permaculture) reposent sur une cohérence milieu-système très forte, où le contexte pédoclimatique a une grande importance. L'équilibre de ce milieu vivant et complexe dépend de celui des hommes, des animaux, des plantes et des micro-organismes du sol. Ces derniers représentent une importante part de la biodiversité de la planète. C'est à ce compartiment vivant et aux effets des rhizobactéries sur la Plasticité des plantes, qu'est consacré ce livre correspondant au troisième point d'une étude constituée de quatre tomes.

(344 p., 35,5 euros)

ISBN : 978-2-343-10044-9, EAN EBOOK : 9782140032653

ONTOGÉNÈSE ET VARIATIONS GÉNÉTIQUES DE L'ARCHITECTURE DU SYSTÈME RACINAIRE DES MONO ET DICOTYLÉDONES MODÈLES

Sébastien Varin

Dans un contexte de changements globaux mondiaux, les plantes modèles sont prévues pour servir comme aide importante dans la compréhension du développement, de mécanismes de communications, de la production d'énergies, biocarburants, matériaux, aliments à partir des plantes. Interface biologique majeure au rôle clef dans un grand nombre de processus et en raison de sa sensibilité à l'environnement, le système racinaire sera présenté puisqu'il démontre une plasticité considérable mais contrainte génétiquement. Cette synthèse correspond au deuxième point d'une étude constituée de quatre tomes.

(254 p., 26,5 euros)

ISBN : 978-2-343-10045-6, EAN EBOOK : 9782140031465

LES MYTHES GRÉCO-ROMAINS OU LA FORCE DE L'IMAGINAIRE

Les récits de la construction de soi et du monde

Joël Thomas

Achille, Énée, Ulysse continuent à nous parler. Pourquoi les mythes résistent-ils au temps qui passe, comme une nappe profonde qui continue d'irriguer notre imaginaire, par delà les strates des périodes historiques ? Tout récemment, les avancées des neurosciences ont permis de constater que voir et imaginer activent les mêmes zones de notre cerveau. À travers ses récits, le mythe peut alors se définir comme une mise en miroir des dynamismes organisateurs de l'imaginaire humain : quand nous imaginons les héros grecs, c'est nous-mêmes qui nous mettons en jeu.

(Coll. Imaginaires, 208 p., 21 euros)

ISBN : 978-2-8061-0331-4, EAN EBOOK : 9782806108814

DE LA SCIENCE ÉSOTÉRIQUE DES DRUIDES AUX SCIENCES MODERNES

Regard contemporain sur la spiritualité des Celtes

Mathieu Halford

Cet essai propose une synthèse et une analyse d'une ancienne spiritualité méconnue de l'histoire des religions : le druidisme. Les grands traits de la culture celtique sont d'abord présentés pour ensuite exposer les principales conceptions druidiques dont nous avons connaissance. L'auteur examine alors les croyances celtiques sous la lumière des sciences modernes afin de les réinterpréter selon des théories actuelles qui ont tendance à confirmer des idées issues de savoirs traditionnels.

(322 p., 33 euros)

ISBN : 978-2-8061-0285-0, EAN EBOOK : 9782806108807

MAIS COMMENT EN EST-ON ARRIVÉ LÀ ?

La terre de 4000 à 4,5 milliards d'années

Michel Rouffet

De l'Ancien Testament aux derniers calculs pour déterminer l'âge de la terre, les chiffres varient considérablement : 4 000 ans, 75 000 ans, 4,5 milliards d'années... L'auteur raconte et démontre, non seulement comment l'estimation de l'âge de notre planète a évolué au cours des siècles, mais également comment des points de vue si divergents peuvent converger et se retrouver complémentaires. Avec lui, nous découvrons que science et religion ne sont pas forcément aussi opposées que l'on pourrait le croire.

(Coll. Acteurs de la Science, 236 p., 23,5 euros)

ISBN : 978-2-343-10343-3, EAN EBOOK : 9782140022708

RÉPONSE À L'ÉCOLOGISME

Comment la connaissance permet de réfuter les peurs entretenues

Sous la direction de Christian Buson. Préface de Claude Allègre

Face à la désinformation obtenue par la répétition du "prêt-à-penser écologiste" et sa pénétration généralisée dans les écoles, de la maternelle à l'enseignement supérieur, et dans notre règlementation, cet ouvrage propose un début de réponses critiques argumentées. Il est grand temps d'abandonner la religion de l'écologisme et les déclamations incantatoires pour nous tourner vers les sciences de l'environnement et de la santé.

(322 p., 33 euros)

ISBN : 978-2-343-10113-2, EAN EBOOK : 9782140019593

FORÊTS, SAVOIRS ET MOTIVATIONS

Sous la direction de Christine Farcy et Nicole Huybens

La forêt et les humains... Une très longue histoire d'occupation, de gestion, de ressources, d'émerveillement et de ressourcement, un nombre infini de représentations, des savoirs développés au fil du temps sur des écosystèmes indispensables à la vie. Dix-sept communications issues de disciplines diverses permettent de comprendre les transformations de la relation des humains d'aujourd'hui à la nature d'aujourd'hui.

(260 p., 36,5 euros)

ISBN : 978-2-343-09986-6, EAN EBOOK : 9782140019012

LES ALPES

La phytosociologie et le pastoralisme

Quelques éléments pour connaître et gérer un alpage

Michel Lambertin

Préface de Pierre Commenville, Directeur du Parc national des Écrins

Voici un cheminement méthodologique qui conduit de la description du fonctionnement général des écosystèmes à l'exposé de la gestion d'un alpage donné. L'auteur présente la production de l'écofaciès et sa cinétique, grâce à la phénologie des espèces le composant. Le Parc national du Mercantour sert d'illustration. Les Associations végétales des étages subalpin et alpin du Parc sont recensées et la réalisation du plan de pâturage de l'alpage de Sanguinière est présentée. Enfin, une dernière partie s'interroge sur les notions de Nature au fil du temps.

(608 p., 49 euros)

ISBN : 978-2-343-09418-2, EAN EBOOK : 9782140018800

Structures éditoriales du groupe L'Harmattan

L'Harmattan Italie
Via degli Artisti, 15
10124 Torino
harmattan.italia@gmail.com

L'Harmattan Hongrie
Kossuth l. u. 14-16.
1053 Budapest
harmattan@harmattan.hu

L'Harmattan Sénégal
10 VDN en face Mermoz
BP 45034 Dakar-Fann
senharmattan@gmail.com

L'Harmattan Cameroun
TSINGA/FECAFOOT
BP 11486 Yaoundé
inkoukam@gmail.com

L'Harmattan Burkina Faso
Achille Somé – tengnule@hotmail.fr

L'Harmattan Guinée
Almamya, rue KA 028 OKB Agency
BP 3470 Conakry
harmattanguinee@yahoo.fr

L'Harmattan RDC
185, avenue Nyangwe
Commune de Lingwala – Kinshasa
matangilamusadila@yahoo.fr

L'Harmattan Congo
67, boulevard Denis-Sassou-N'Guesso
BP 2874 Brazzaville
harmattan.congo@yahoo.fr

L'Harmattan Mali
Sirakoro-Meguetana V31
Bamako
syllaka@yahoo.fr

L'Harmattan Togo
Djidjole – Lomé
Maison Amela
face EPP BATOME
ddamela@aol.com

L'Harmattan Côte d'Ivoire
Résidence Karl – Cité des Arts
Abidjan-Cocody
03 BP 1588 Abidjan
espace_harmattan.ci@hotmail.fr

L'Harmattan Algérie
22, rue Moulay-Mohamed
31000 Oran
info2@harmattan-algerie.com

L'Harmattan Maroc
5, rue Ferrane-Kouicha, Talaâ-Elkbira
Chrableyine, Fès-Médine
30000 Fès
harmattan.maroc@gmail.com

Nos librairies en France

Librairie internationale
16, rue des Écoles – 75005 Paris
librairie.internationale@harmattan.fr
01 40 46 79 11
www.librairieharmattan.com

Librairie l'Espace Harmattan
21 bis, rue des Écoles – 75005 Paris
librairie.espace@harmattan.fr
01 43 29 49 42

Lib. sciences humaines & histoire
21, rue des Écoles – 75005 Paris
librairie.sh@harmattan.fr
01 46 34 13 71
www.librairieharmattansh.com

Lib. Méditerranée & Moyen-Orient
7, rue des Carmes – 75005 Paris
librairie.mediterranee@harmattan.fr
01 43 29 71 15

Librairie Le Lucernaire
53, rue Notre-Dame-des-Champs – 75006 Paris
librairie@lucernaire.fr
01 42 22 67 13

www.ingramcontent.com/pod-product-compliance
Lightning Source LLC
LaVergne TN
LVHW010930061026
849535LV00007B/2335
9782343176864